无公害蔬菜病虫鉴别与治理丛书

主编　郑永利　童英富　曹婷婷

草莓
病虫原色图谱

（第二版）

浙江科学技术出版社

图书在版编目（CIP）数据

草莓病虫原色图谱/郑永利，童英富，曹婷婷主编.
—2版. —杭州：浙江科学技术出版社，2017.9（2023.10重印）
（无公害蔬菜病虫鉴别与治理丛书）
ISBN 978-7-5341-5107-1

Ⅰ. ①草… Ⅱ. ①郑… ②童… ③曹… Ⅲ. ①草莓—
病虫害—图谱 Ⅳ. ①S436.68-64

中国版本图书馆CIP数据核字（2012）第233143号

丛 书 名 **无公害蔬菜病虫鉴别与治理丛书**
书　　名 **草莓病虫原色图谱（第二版）**
主　　编 郑永利　童英富　曹婷婷

出版发行 浙江科学技术出版社
　　　　　网址：www.zkpress.com
　　　　　杭州市体育场路 347 号
　　　　　邮政编码：310006
　　　　　销售部电话：0571-85176040
　　　　　编辑部电话：0571-85152719
　　　　　E-mail：zkpress@zkpress.com
排　　版 杭州万方图书有限公司
印　　刷 杭州捷派印务有限公司
经　　销 全国各地新华书店

开　　本 880mm×1240mm　　1/32　　印 张　5
字　　数 140 000
版　　次 2017 年 9 月第 2 版　2023 年 10 月第 11 次印刷
书　　号 ISBN 978-7-5341-5107-1　　定 价　30.00 元

责任编辑　詹　喜　　　　　责任美编　金　晖
责任校对　张　宁　　　　　责任印务　吕　琰

綠色植保
讓農產品
更安全

為無公害蔬菜病
蟲鑒別與治理叢
書題

健東

（林健东：浙江省农业厅厅长）

第二版说明

在浙江科学技术出版社的大力支持下，历经近五年的孕育，《草莓病虫原色图谱》（第二版）即将出版发行。虽然称之为第二版，但无论是从技术内容看，还是从病虫图片看，这都是一本全新的草莓病虫害防治科普图书。新版图书与第一版最大的关联就是秉承了"面向基层、面向群众"的创作理念和图文并茂的创作手法，紧贴生产，不忘初心，始终追求"一看就懂、一学就会、一用就灵"的创作效果。

新版图书共收录50种草莓常见病虫害和156幅高清数码图片，其中新增病虫害9种，新增图片61幅，更新图片50幅，并根据最新研究成果对病虫防治技术进行了全面修订，大力倡导应用绿色防控技术和产品，确保草莓高效安全生产。新版图书还采用当前国际通用的《国际藻类、菌物和植物命名法规》《国际细菌命名法规》和国际植物病毒分类系统等对草莓病原菌分类地位进行了重新修订。同时，根据生产实际需求，增设了"专家提醒"模块，对草莓生产中的常见技术难题、质量风险关键控制点等进行重点剖析或特别提示。此外，新版图书在附录中专门增编了草莓科学育苗技术要点、大棚草莓栽培技术要点、草莓连作地土壤消毒技术要点、草莓中农药最大残留限量标准等技术资料，以期更好地服务生产。

作者

2017 年 8 月

回首二十年（代序）

　　"韶华如梦惊觉醒，十年弹指一挥间。"距第一版图书出版发行已经17年，倘若从构思的那一刻算起，已有20个年头了。

　　事实上，在浙江大学攻读在职研究生期间，由于研究植保专家系统需要，我收集并整理了大量文献资料和科研成果，并结合生产实际进行了分类归纳。在此过程中，夜以继日地研读与分析各种资料，日积月累，并内化于心时就产生写书的念头。然而，我始终没有付诸行动，不仅是因为对自己的能力和水平缺乏足够的信心，更纠结的是以什么样的形式来编写真正意义上的科普图书。

　　我的创作灵感来源于2000年夏天短期访问澳大利亚昆士兰基础产业部时与当地昆虫科普读物的邂逅，以及与布莱文女士关于农技科普推广方面的交流。在从悉尼返程的飞机上，我深深地陷入了冥想，那些一闪一闪的火花慢慢地在脑海中凝聚起来，变得愈来愈清晰。

　　当年令我兴奋不已的灵感，简单地说，就是本套图书的受众定位、表达方式和实现路径。20世纪末是浙江省农业种植结构调整最为显著的时期，彻底改变了以往"以粮为纲"的单一种植传统方式，"精、特、优"果蔬种植业迅猛发展，浙江省蔬菜播种面积在三五年内由两三百万亩增加到千万亩以上，并且"一乡（镇）一品"等规模化、集约化经营模式不断涌现，同时种植结构调整催生了一批新型农业经营主体——种植大户，他们亟须新技术的科学普及。因此，本套图书最大的读者群

注：1亩≈667平方米。

就是他们，图书就定位为"面向基层、面向群众"。当时突如其来的想法，如今看来却是如此的精准。正是这"两个面向"的定位，使得本套图书的创作与发行水到渠成。自"无公害蔬菜病虫鉴别与治理丛书"出版以来，数十次重印，累计发行几十万册，彻底摆脱了农业科普图书印次、印量少，甚至首次印刷的千余册还束之高阁或置于仓库旮旯的窘境。

既然本套图书是"面向基层、面向群众"，那就得让农民"读得懂"。因此，图文并茂和通俗易懂的表达方式便成了本套图书的不二选择。虽然在如今的读图时代，这早已成了各类读物的基本形式，但当我们穿越时空回到17年前，要真正做到这一点却不是件容易的事情。那时候的植保科普图书基本以文字描述为主，所谓的"图"是指图书中少得可怜的插图，那都是一些资深的老先生们纯手工绘制的黑白点线图和彩色模式图。能在图书的前面和后面集中插入一些用胶片相机拍摄的小尺寸的病虫图片，那都是凤毛麟角了。这主要是受当时技术、交通以及观念等多方面的局限所致，特别是胶片摄影的拍摄容量以及无法"即拍即见"的制约，使得系统地获取病虫生态图像并以一病（虫）一图甚至一病（虫）多图的形式逼真地再现田间病虫为害的场景，变得异常困难。

如何在胶片摄影时代实现图文并茂地表达图书内容，也就是实现路径，成为创作灵感落地生根的关键所在。可能是那段时间经常琢磨专家系统的缘故，脑海中突然就冒出了"群集法"这个方法。于是，我开始寻找志同道合的小伙伴一起组建创作团队，最终团队规模达50余人。俗话说"众人拾柴火焰高"，以人海战术、抱团作战的方式，以种植结构调整为主线，针对重点作物、重点时期、重点病虫害开展群集拍摄，不怕重复，只怕漏拍，以人力集聚跨越时空局限，以智力集聚突破水平有限。而正当我和小伙伴们背着海鸥、理光牌胶片相机，揣着柯达、富士胶片，热火朝天地拍摄病虫害图片时，一场以计算机应用为核心的信息技术革命悄然而至。

20世纪90年代，享受着包房、空调、地毯等优厚待遇的电脑，终于走出深闺大院，进入寻常百姓家庭。DOS、金山WPS时代终结，微软的经典作品Windows 98、Office成为日常办公新助手。随之而来的数码相机、大容量存储器、便携式电脑等，更为系统地实地采集大量病虫图片提供了极大的便利，而这恰恰也是本套图书创新的关键。于是，小伙伴们"鸟枪换炮"，纷纷扛起索尼、佳能数码相机，带着存储卡，背着笔记本电脑，再次出征，深入田间地头，只拍烂菜、烂叶，不屑美景风情。

图文并茂仅仅解决了"读得懂"，而我更希望图书让农民真正"用得上"。只有源于实践而又高于实践的先进、实用且便捷的技术，才是农民真正渴望的"用得上"的技术。因此，创作团队在继续大量实地采集原创图片的基础上，又以各类科研项目为依托，开展大量的观测调查、试验示范、技术创新和成果转化等工作。很多疑难病虫害被陆续送到浙江大学、中国农业科学院等单位，请专家、学者鉴定，对很多病虫的生物学特性、灾变规律、影响因子等开展进一步调查，在此基础上，高效环保的防控技术在田间不断试验成功。

在忙忙碌碌的工作中，岁月无痕流逝，图书素材也日益丰富，这些均来自创作团队长年累月泡在田间地头精心收集的第一手资料。经初步筛选获得的高清数码图片达数万幅，把20G容量的移动硬盘塞得满满当当。此外，还有一摞摞的田间试验报告以及中澳农业合作项目、省级重大攻关项目等各类科研成果。面对案头堆得高高的资料，大功即将告成的喜悦油然而生，但紧接着是前所未有的紧迫感，甚至还有一丝不安。

广受农民喜爱是农业科普读物的内在生命力，而市场才是检验科普读物生命力最有力的依据。因此，本套图书定位不仅要让农民"读得懂""用得上"，还要让农民"买得起"。创作团队针对种植大户和基层农技人员专门设计了两套调查问卷,进村入户,广泛调研农民在生产中遇到的技术难题和困惑,以及他们最喜欢的图书编排风格和易于接受的价格等。当攒足了400多份问卷时,本套图书最终的内容选取、编撰排版、装帧形式及定价才跃然而出。厚厚的"大部头"设想被推翻,更改为以作物为主线的若干小分册。在各小分册中以为害度为标准确定病虫种类,采取以图配文形式编排。本套图书在图片选择上既注重典型症状的局部特写,又呈现严重为害时的田间场景,让图书因丰富、典型的图片而活起来。

所谓"无巧不成书",本套图书进入最后编撰阶段时,我再次访问澳大利亚昆士兰。为不影响图书如期发行,在创作团队的基础上又组建了核心工作小组,明确编写流程。主编负责各分册的初稿起草和图片选择等工作,初稿完成后,不同分册主编相互交换样稿,相互挑刺、找碴。互校的范围很广、很细致,耗费的时间也很长。在技术上要求先进、可行且便于操作,在图片上要求典型、准确、清晰,在文字表达上要求通俗易懂且精练、通顺,甚至拉丁文、错别字、标点符号都由专人负责校验。按照编写流程,每位主编须在规定时间内完成各自承担的工作任务,最后由多名主编联合对样稿逐字逐句地审订。每个分册的样稿都至少经历3个月的反复修改,最终交付出版社。在有序的流转中,文稿慢慢蝶变,最终破茧而出。

2005年春季到秋季,全套图书各分册陆续出版发行。由于图书定位准确,编写特色鲜明,所以一经出版就受到广大农民的欢迎,并先后荣获浙江树人出版奖、华东地区科技出版社优秀科技图书一等奖、中华农业科技科普奖、国家科学技术进步奖二等奖,入选国家新闻出版总署首届"三个一百"原创图书工程和中国科协"公众喜爱的优秀科普作品"。承蒙读者厚爱,尽管十多年过去了,图书依然不断地在修订重印,至今仍普遍见于全国各地书店和农家书屋。为更好地服务读者,自

2012年以来，我曾多次想对图书内容重新进行深度的修改与完善，以期为新形势下蔬菜安全生产再出一份绵薄之力。实在是囿于精力、能力所限，一直到今天才得以实现。更大的纠结却与17年前非常相似，那就是农业科普图书的创作手法如何与时俱进以适应新常态，特别是在手机已成为最主流的阅读工具的今天，农业科普图书该如何创新，并让人眼前一亮，为之一振。纠结数年，百思不得其解，只好先放下了。但愿在日后能机缘巧合，灵光乍现，一朝顿悟，到时再以飨读者。

青春是人生中一道洒满阳光的风景。小伙伴们，还记得那年春天吗？几乎每天晚上我们都跨越大洋的时空差异，互相交流，互相激励，引起共鸣。曾经是何等意气风发、激情洋溢！蓦然回首，如今已人到中年，两鬓渐白，感慨万千。借图书再版之际，衷心感谢十余年来风雨同舟、携手共进的小伙伴们！更由衷感恩一路上给予我们关爱、呵护的长者和挚友们！并以拙作深切悼念恩师程家安先生。

2017年仲夏初成于遂昌
2023年惊蛰修订于杭州

CONTENTS 目 录

CONTENTS

附　录

参考文献

草莓灰霉病

草莓灰霉病是草莓重要病害之一，分布广泛，发生严重年份可减产50%以上。除为害草莓外，还可为害番茄、辣椒、莴苣、茄子、黄瓜等多种蔬菜。

为害症状

草莓灰霉病主要为害果实、花及花蕾，叶、叶柄也可感染。叶片染病，初始产生水渍状病斑，扩大后病斑褪绿，呈不规则形，严重时病叶枯死；田间湿度高时，病部产生稀疏灰色霉层。叶柄、果柄及花托染病，初期为暗黑褐色油渍状病斑，常环绕1周，严重时受害部位萎蔫、干枯；湿度高

草莓灰霉病病菌侵入花萼，此时为防控关键时期

时，病部产生灰白色絮状菌丝。花染病，初始在花萼上产生水渍状针眼小点，后扩展为椭圆形或不规则形红褐色病斑；花茎及整个花托染病，会侵入雄蕊及幼果。未成熟的浆果染病，初始产生淡褐色干枯病斑，后期病果常呈干腐状。已转乳白或已着色的果实染病，常从果基近萼片处开始发病，初始在受害部位产生油渍状浅褐色小斑点，后扩大到整个果实，果实变软、腐败，表面密生灰色霉状物；湿度高时，长出白色絮状菌丝。

花萼和花托染病，后期扩展至整个花托，病斑红褐色

花柄染病，病斑呈暗黑褐色油渍状，常环绕 1 周

花瓣染病后引起幼果发病

果柄和幼果染病，后期呈干腐状

浆果染病，多从果基近萼片处开始发病，后扩大到整个果实，果实变软、腐败，湿度高时表面密生灰色霉状物

叶片染病，初始产生水渍状病斑，扩大后病斑褪绿，呈不规则形；田间湿度大时，病部产生稀疏灰色霉层

发生特点

此病由真菌界子囊菌门灰葡萄孢（*Botrytis cinerea* Pers.）侵染所致。病菌以菌丝、菌核或分生孢子在病残体上或土壤中越冬和越夏。在环境条件适宜时，分生孢子借助风雨及农事操作传播蔓延，发病部位产生新的分生孢子，重复侵染，加重为害。

病菌喜温暖潮湿的环境，发病最适气候条件为温度18～25℃，相对湿度90%以上。浙江及长江中下游地区草莓灰霉病常年发病盛期在2月中下旬至5月上旬及11～12月。草莓发病敏感生育期为开花坐果期至采收期，发病潜育期为7～15天。

在阴雨连绵、灌水过多、地膜上积水、畦面覆盖稻草、种植密度过大、生长过于繁茂等条件下，易导致草莓灰霉病严重发生。

防治要点

①选用抗病品种。品种间的抗病性差异大，一般欧美系等硬果型品种抗病性较强，而日韩系等软果型品种较易感病。②合理密植，避免偏施氮肥，防止茎叶过于茂盛和植株徒长。③及时清除老叶、枯叶、病茎和病果，并带出园地销毁。④选择地势高燥、通风良好的地块实行轮作。保护地栽培要深沟高畦，棚内地膜全覆盖，并及时通风透光。⑤药剂防治。以预防为主，用药最佳时期在草莓第一花序有20%以上开花，第二花序刚开花时。药剂可选用50%凯泽（啶酰菌胺）水分散粒剂1200倍液，或400克/升施佳乐（嘧霉胺）悬浮剂800倍液，或42.4%健达（唑醚·氟酰胺）悬浮剂2000倍液，或50%瑞镇（嘧菌环胺）水分散粒剂1500倍液，或50%卉友（咯菌腈）可湿性粉剂5000倍液，或500克/升扑海因（异菌脲）悬浮剂800倍液等，喷雾防治，注意交替用药。

专家提醒

■ 采用地布覆盖沟和棚头，
降低棚内湿度

草莓灰霉病属高湿型病害，及时通风透光，控制好棚室湿度，可有效预防其发生蔓延。建议全园采用地膜覆盖，或采用地布覆盖沟和棚头，降低棚内湿度和减少地表温差，棚内湿度保持在50%以下。

棚室内湿度偏高时慎用百菌清及复配制剂喷雾或烟熏，温度偏高（超过30℃）时慎用嘧霉胺（施佳乐）及其复配制剂，以防产生药害。腐霉利（速克灵）在历次农药残留检测中检出风险高，建议在草莓采收期暂停使用。

■ 高温条件下，使用百菌清易发生药害，主要表现为草莓嫩叶、新叶上出现开水烫伤状大型斑驳失绿药害斑，继而叶片失去活力，最后凋萎、干枯白化

草莓白粉病

　　草莓白粉病是草莓重要病害之一。在草莓整个生长季节均可发生，苗期叶片染病影响光合作用，造成秧苗素质下降，移植后不易成活；果实染病后严重影响草莓品质，导致成品率下降。在适宜条件下病害可以迅速发展，蔓延成灾，损失严重。

为害症状

　　草莓白粉病主要为害叶、叶柄、花、花梗和果实，匍匐茎上很少发生。叶片染病，发病初期在叶片背面长出圆形或不规则形的白色粉斑；随着病情加重，叶片向上卷曲呈汤匙状，叶面产生大小不等的暗色污斑；以后病斑逐步扩大，在叶片正反两面产生一层薄霜似的白色粉状物（即病菌的分生孢子梗和分生孢子），发生严重时多个病斑连接成片，密布整张叶片；后期病斑呈红褐色，叶缘萎缩、焦枯。花蕾、花染病，花蕾不能开

草莓白粉病病叶呈汤匙状向上卷曲

放，花瓣呈粉红色。果实染病，幼果不能正常膨大，干枯；若后期受害，幼果果肩表面会产生斑驳红晕，果面覆有一层白粉；随着病情加重，果实失去光泽并硬化，着色变差，严重影响浆果质量，并失去商品价值。

草莓白粉病病叶正面产生大小不等的暗色污斑

■ 发生特点

此病由真菌界子囊菌门羽衣草单囊壳［*Sphaerotheca aphanis*（Wallr.）U. Braun］侵染所致。病原菌是专性寄生菌，以菌丝体或分生孢子在病株或病残体中越冬和越夏，成为翌年的初侵染源，主要通过带菌的草莓苗等繁殖体进行中远距离传播。环境适宜时，病菌借助气流或雨水扩散蔓延，以分生孢子或子囊孢子从寄主表皮直接侵入，经潜育后出现病斑，7天左右在受害部位产生新的分生孢子，重复侵染，加重为害。

草莓白粉病病叶背面产生白色粉状物

花瓣染病呈粉红色，此时为防控关键时期

病菌侵染的最适温度为15～25℃，相对湿度80%以上。雨水对白粉病有抑制作用，孢子在水滴中不能萌发。低于5℃和高于35℃均不利于发病。浙江及长江中下游地区保护地草莓白粉病常年发病盛期在2月下旬至5月上旬与10下旬至12月。草莓发病敏感生育期为坐果期至采收后期，发病潜育期为5～10天。

雌蕊染病后引起幼果发病

正常果从果实顶部向果肩均匀转红（右），而幼果染病后果肩表面呈粉红斑驳状（左），此时为幼果感病防控关键时期

栽植密度过大、管理粗放、通风透光条件差、植株长势弱等，易导致白粉病的加重发生。草莓生长期间干湿交替出现时，发病加重。

防治要点

①选用抗病品种，培育无病壮苗。不同的草莓品种对白粉病抗性有较大差异，宜选择章姬、红颊等对白粉病抗性较强的品种。②加强栽培管理。栽前种后要清洁苗地；草莓生长期间及时摘除病残老叶

浆果染病，果面产生白色粉状物

花梗染病，产生白色粉状物

和病果，并集中销毁；保持良好的通风透光条件，雨后及时排水，防止田间干湿频繁交替；加强肥水管理，培育健壮植株。③药剂防治。露地草莓开花前的花茎抽生期和保护地草莓的第一花序花朵出现粉红色花瓣或幼果果肩呈现粉红色斑驳时是预防关键时期。在发病初期，可选用29%绿妃（吡萘·嘧菌酯）悬浮液1500倍液，或42.4%健达（唑醚·氟酰胺）悬浮剂1500～2000倍液，或38%凯津（唑醚·啶酰菌）水分散粒剂1000倍液，或42%英腾（苯菌酮）悬浮剂1500倍液，或12%健攻（苯甲·氟酰胺）悬浮剂1000倍液，或43%露娜森（氟菌·肟菌酯）悬浮剂2000倍液，或36%卡拉生（硝苯菌脂）乳油1500倍液，或10%世高（苯醚甲环唑）水分散粒剂1500倍液，或12.5%四氟醚唑悬浮液1500倍液，或40%腈菌唑可湿性粉剂5000倍液，或25%乙嘧酚磺酸酯悬浮液1000倍液等，重点喷施发病中心及周围植株。

专家提醒

　　草莓白粉病病菌是专性寄生菌，极易对防治药剂产生抗（耐）药性，在生产上务必交替轮用不同作用机理的防治药剂，在每季草莓中同种有效成分的药剂及其复配制剂使用次数不宜超过3次。

　　在低温条件下，草莓对三唑类杀菌剂高度敏感，生产上务必谨慎使用，防止药害事故发生。具体参见"三唑类杀菌剂药害"。

　　选用矿物油（绿颖）、植物油（怀农特）等防治草莓病虫害，当棚室内温度超过34℃时，建议降低使用浓度，否则会有药害风险，主要表现为植株上的着药点呈现灼伤状大斑块，严重时引起局部坏死。

　　此外，250克/升阿米西达（嘧菌酯）悬浮剂等嘧菌酯及其复配制剂不宜与乳油类药剂、有机硅等混用，易发生药害。

草莓革腐病

草莓革腐病是草莓重要病害之一。连作草莓，本病有加重发生趋势，对草莓的产量和质量影响很大，严重地块甚至造成绝产。

为害症状

草莓革腐病主要为害根部和果实。根系发病，一般早期病状并不明显；中期表现为植株矮小，生长势差；到开花结果期则表现为整株失水，逐渐萎蔫至全株死亡。切开病根，可见从外向内黑变，呈革腐状。草莓果

感病植株常在开花结果期表现出地上部分呈失水状萎蔫，并逐渐枯死

实在整个发育期内均可发病。未成熟的果实染病，受害部位颜色变浅，呈黄白色，后渐变成黄褐色至暗褐色，果实不再膨大。成熟果实染病，受害部位初期呈褐色至深褐色的水烫状病斑，随即迅速蔓及全果，最后整个果实变成淡紫色至紫色，失去光泽并皱缩，用手轻捏病果时有皮革状弹性；果肉变褐色且革质化，果实内维管束较周围组织颜色深，为黑褐色。病果组织紧密，较正常果难撕开，有苦味，后期干硬成为僵果。严重时病果有恶臭。在高湿的条件下，病果表面可见白色霉状物。

有时在育苗期间也能发病，主要症状为匍匐茎发干萎蔫，最后干枯死亡。

发生特点

此病由藻物界卵菌门恶疫霉 [*Phytophthora cactorum* (Lebert & Cohn) J. Schröt.] 所致。该病菌属于中温型病原菌，菌丝的生长温度范围为 10～30℃，最适温度为25℃。病菌以卵孢子形态在土壤中越冬，并成为翌年的初次侵染源，游动孢子囊及游动孢子是再次侵染源。降雨多的年份发病重，地势低洼、易积水田块和连作地发病偏重。5月中下旬，温度回升、湿度较大的条件下，有利于草莓革腐病的发生和流行。

根部染病，横切面从外向内黑变，呈革腐状

防治要点

①实行水旱轮作或土壤消毒，减少土壤中的病原菌。②采用深沟高畦，及时排除田间积水，降低棚内湿度。③加强管理。及时摘除病叶、病茎、老叶及带病残株，并带出苗圃集中销毁，减少病菌传播。④药剂防治。发病初期，可选用60%百泰（唑醚·代森联）水分散粒剂750倍液，或68%金雷（精甲霜·锰锌）水分散粒剂600~800倍液，或250克/升阿米西达（嘧菌酯）悬浮剂1500倍液，或687.5克/升银法利（氟菌·霜霉威）悬浮剂1000倍液，或250克/升凯润（吡唑醚菌酯）乳油1500倍液，或60%达文西（氟吗啉·唑嘧菌胺）水分散粒剂1000倍液等，淋根或喷雾防治。

果实感病，初始呈褐色水烫状病斑

果实染病后，迅速蔓及全果，病部褪色失去光泽，表面革质化

专家提醒

根据《食品安全国家标准　食品中农药最大残留限量》（GB 2763—2021）规定，烯酰吗啉在草莓上的最大残留限量为0.05毫克/千克。在草莓采收期慎用烯酰吗啉及其复配剂，严防农药残留超标。

草莓菌核病

草莓菌核病是近几年来发病趋重的病害之一。

果实染病，变褐腐败，长出棉絮状菌丝

为害症状

草莓菌核病主要为害叶柄、新芽、果梗和果实。受害部位初始产生不明显的水渍状，后病部组织变褐软腐，并长出白色棉絮状菌丝。随着病情发展，菌丝体逐渐结成白色球状，后期成不规则黑色鼠粪状菌核，严重时病株腐败枯死。

发生特点

此病由真菌界子囊菌门核盘菌 [*Sclerotinia sclerotiorum* (Lib.) de Bary] 侵染所致。菌核在土壤中越冬，春秋季萌发时产生蘑菇状子囊盘，发射出大量子囊孢子，经空气传播侵染发病。发病最适温度为 10~15℃，连续 10℃ 以下低温，发病明显加重。大棚内湿度大，导致叶片结露，

花序染病，后期产生不规则黑色鼠粪状菌核

果实染病，后期产生
不规则黑色鼠粪状菌核

有利于病害流行蔓延。冬春低温期是大棚草莓菌核病发病高峰期。

防治要点

①实行水旱轮作或土壤消毒，减少土壤中的病原菌。②采用深沟高畦栽培，降低草莓大棚的地下水位和棚内湿度。③合理密植，避免偏施氮肥，防止茎叶过于茂盛和植株徒长，促进通风透光。④及时清除病叶、病果等病残体，并带出草莓园集中销毁，减少病菌传播。⑤药剂防治。重点抓好春初发病初期的防治，防治药剂参见"草莓灰霉病"。

草莓炭疽病

草莓炭疽病是草莓苗期的主要病害之一。近年来，随着红颊、章姬等品种栽植面积不断扩大，草莓炭疽病呈明显上升趋势，尤其是在草莓连作地，给培育壮苗带来了严重障碍。

为害症状

草莓炭疽病主要发生在育苗期（匍匐茎抽生期）和定植初期，结果期很少发生。其主要为害匍匐茎、叶柄、叶片、托叶、花瓣、花萼和果实。匍

匍匐茎染病，产生黑色纺锤形或椭圆形溃疡状病斑，稍凹陷，后扩展为环形圈

匍茎、叶柄、叶片染病，初始产生直径3～7毫米的黑色椭圆形或纺锤形溃疡状病斑，稍凹陷；当匍匐茎和叶柄上的病斑扩展为环形圈时，发病部位易折断，病斑以上部分萎蔫枯死；湿度高时，病部可见肉红色黏质孢子堆。浆果受害，产生近圆形病斑，淡褐至暗褐色，软腐状并凹陷，后期也可长出肉红色黏质孢子堆。此病除引起局部病斑外，还易导致感病品种全株萎蔫枯死。当植株叶基和短缩茎部位发病，初始1～2片展开叶失水下垂，傍晚或阴天恢复正常，随着病情加重，全株枯死。横切枯死病株根冠部观察，可见自外向内发生褐变，但维管束不变色。

叶柄染病，产生黑色椭圆形或纺锤形溃疡状病斑，稍凹陷

叶柄发病处易枯死断裂

叶基或短缩茎染病，初始表现为展开叶失水下垂

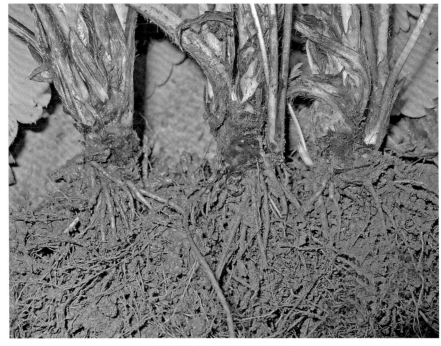

短缩茎染病，主要从根冠部侵入

短缩茎染病，根冠部横切面自外向内发生褐变

■ 发生特点

草莓炭疽病病原菌有3种：真菌界子囊菌门草莓刺盘孢（*Colletotrichum fragariae* A.N. Brooks）、胶孢刺盘孢［*Colletotrichum gloeosporioides*（Penz.）Penz. & Sacc.］和尖孢莓刺盘孢（*Colletotrichum acutatum* J.H. Simmonds）。

叶片染病，初始产生直径 3~7 毫米的黑色椭圆形或纺锤形溃疡状病斑，稍凹陷

果实染病，病部凹陷、木栓化干枯

经鉴定，浙江及长江中下游地区草莓炭疽病主要由胶孢刺盘孢侵染所致，其次为草莓刺盘孢，尚未发现尖孢刺盘孢。胶孢刺盘孢主要为害匍匐茎和短缩茎。

病菌以分生孢子在发病组织或落地病残体中越冬。在田间，分生孢子借助雨水及带菌的操作工具、病叶、病果等进行传播。病原菌在5～40℃范围内均可生长，最适温度为25～30℃，相对湿度80%以上，是典型的高温高湿型病菌。5月下旬后，当气温上升到25℃以上，草莓匍匐茎或近地面的幼嫩组织易受病菌侵染。7～9月间，在高温高湿条件下，病菌传播蔓延迅速。特别是连续阴雨或阵雨2～5天，或台风过后的草莓连作田，老残叶多、氮肥过量、植株幼嫩及通风透光差的苗地发病严重，可在短时期内造成毁灭性的损失。

■ 防治要点

①选用阿玛奥、红玉、妙香等抗病品种。对于红颊、章姬等易感病品种，可采用盆钵容器或搭棚避雨育苗，减轻病害发生。②避免育苗地多年连作，尽可能实施水旱轮作。③控制苗地繁育密度，氮肥不宜过量，增施有机肥和磷钾肥，培育健壮植株，提高植株抗病性。④及时摘除病叶、病茎、老叶及带病残株，并带出苗圃集中销毁，减少病菌传播。⑤药剂防治。以预防为主，重点做好草莓育苗期和定植初期防治。药剂可选用400克/升锐收果香（氯氟醚·吡唑酯）悬浮剂1500倍剂，或250克/升凯润（吡唑醚菌酯）乳油1500倍液，或325克/升阿米妙收（苯甲·嘧菌酯）悬浮剂1500倍液，或16%碧翠（二氰·吡唑酯）水分散粒剂750倍，或75%拿敌稳（肟菌·戊唑醇）水分散粒剂3000倍液，或42.4%健达（唑醚·氟酰胺）悬浮剂1500倍液，或60%百泰（唑醚·代森联）水分散粒剂750倍液，或22.5%阿砣（啶氧菌酯）悬浮剂1500倍液，或430克/升好力克（戊唑醇）悬浮剂4000倍液等，重点喷施草莓根基部、匍匐茎及其周边土表，药后遇大雨须及时重新防治。

专家提醒

  草莓炭疽病是草莓育苗期的毁灭性顽固性病害，章姬、红颊等草莓优良品种尤为感病，防控效果将直接关系到草莓育苗成败。根据多年经验，草莓炭疽病可分为3个重要防控阶段：①育苗前期。当母株开始抽生匍匐茎时，特别是章姬、红颊等易感病品种，须高度重视苗期炭疽病的预防。可选用70%品润水分散粒剂或250克/升阿米西达悬浮剂等进行细喷雾预防，重点喷施母株根茎部、新抽生的匍匐茎及其周边土表，每5～7天预防1次。药后如遇大雨，应及时补喷。田间开始发病后，防治药剂改用250克/升凯润乳油或16%碧翠水分散粒剂等，每3～5天防治1次。②育苗中期。此时，防治草莓炭疽病的重点是适时掰叶，控密控徒长，培育壮苗。当田间温度达到28℃以上、湿度在80%以上（一般在6月中下旬）时，可选用75%拿敌稳水分散粒剂，或35%露娜润悬浮剂，或430克/升戊唑醇悬浮剂等三唑类杀菌剂，重点喷淋母株和子苗根茎部、匍匐茎及其周边土表。下一次用药时间，应视不同药剂的控苗时间而定，一般间隔12～20天，必须等待秧苗恢复生长，有新叶抽出后方可进行。以此类推，重复施行，直至8月中旬，停止使用三唑类药剂，开始放苗。当亩繁苗数达3万～5万株时，及时采取挖断母株等措施合理控制繁苗密度。如遇强降雨天气应确保沟渠畅通，严防田间积水，一旦放晴立即选用250克/升凯润乳油等喷雾防治。持续干旱时宜在傍晚适量灌溉。③定植初期。可选用250克/升凯润乳油或16%碧翠水分散粒剂等喷雾，重点喷施草莓根基部及周边种植穴，每5～7天防治1次。也可在定植时选用250克/升凯润乳油等浸苗15分钟左右，待药液晾干后种植。

草莓红中柱根腐病

　　草莓红中柱根腐病又称红心病、红心根腐病、褐心病，近几年在草莓上呈蔓延趋势，发生速度快，较难根治，易造成毁灭性损失。

■ 为害症状

　　草莓红中柱根腐病主要侵染根部和茎部，很少向茎部上端发展，常见的有急性型和慢性型两种。急性型常在春、夏两季发生，表现为雨后叶尖

草莓红中柱根腐病初期表现为叶缘变褐色，并由叶缘向内发展，叶肉先失绿黄化，进而整张页片变红褐色

草莓红中柱根腐病从植株下部老叶向上扩展，严重时全叶变成红褐色，甚至枯死

突然萎凋，不久则呈青枯状，引起全株迅速枯死。慢性型在定植后至初冬均可发生。定植后在新生的不定根上症状最明显，发病初期表现为在不定根的中间部位表皮坏死，形成1～5毫米长红褐色至黑褐色梭形长斑，病部不凹陷，病健交界明显。叶片多从下部开始发病，逐步向上部叶片蔓延。初始病叶叶缘变褐、微卷，逐渐从叶缘向内扩展，叶肉先失绿黄化，最后整张叶片变红褐色，严重发病时全片枯死。

草莓红中柱根腐病发病初期在不定根的中间部位表皮坏死，形成1～5毫米长红褐色至黑褐色梭形长斑，病部不凹陷

草莓红中柱根腐病发病后期病根中柱呈褐色至红褐色

草莓红中柱根腐病田间病株枯死状

横切病株根茎基部，发病初期可见根茎基部横截面有不完整的黑色环形，随着病情加重，褐色环闭合加粗，且中柱开始变色，由白色逐渐变为褐色、红褐色，像炭化一样逐渐变硬，最后整个根茎部全部被炭化，植株彻底死亡。

发生特点

此病由藻物界卵菌门草莓疫霉（*Phytophthora fragariae* Hickman）侵染所致。病原菌菌丝适宜生长温度为5～30℃，最适温度为22℃，且适宜略偏酸的环境。病原菌以卵孢子在土壤中长期存活，通过病株、土壤或基质、农器具等传播蔓延。在土温20℃时卵孢子可以发芽，10℃为最适温。当土温超过25℃时，此病发生较少。卵孢子萌发产生游动孢子侵入主根或侧根尖端的表皮，沿着中柱生长，由内而外变色、腐烂，传播速度较快。土壤湿度高、低洼排水不良或大水漫灌田块易发病。

防治要点

①提倡水旱轮作或实施土壤消毒。②重施有机肥。以基肥为主，基肥重施有机肥，并配以一定比例的复合肥。③采用高畦深沟栽培，增强土壤

的通透性。③药剂防治。定植时可用70%甲基硫菌灵可湿性粉剂1000倍液浸泡种苗5～10分钟。发病初期可选用30%福先（氰烯菌酯·苯醚甲环唑）悬浮剂1500倍液，或60%百泰（唑醚·代森联）水分散粒剂750倍液，或62.5克/升亮盾（精甲·咯菌腈）悬浮种衣剂1500倍液，或68%金雷（精甲霜·锰锌）水分散粒剂600～800倍液，或250克/升阿米西达（嘧菌酯）悬浮剂1500倍液，或687.5克/升银法利（氟菌·霜霉威）悬浮剂1000倍液等喷淋防治。施药时应以植株基部及根部为主。

草莓红中柱根腐病田间为害状

专家提醒

在适宜的气候条件下，草莓红中柱根腐病与炭疽病病株均因急性发病而青枯死亡，但红中柱根腐病根茎基部横截面为不完整的黑色环形，且随着病情加重，中柱由白色逐渐变为褐色、红褐色；炭疽病急性病株多从根冠部侵入，有明显的侵入点，横切根冠部可见由外向内变褐。慢性发病，红中柱根腐病不侵染叶柄等，病叶主要表现为自叶缘向内变红褐色，叶面不产生病斑；炭疽病可侵染为害匍匐茎、叶柄、叶片、托叶、花瓣、花萼和果实等，并产生直径3～7毫米的黑色椭圆形或纺锤形溃疡状病斑。

草莓枯萎病

草莓枯萎病外围叶叶缘褐变、枯黄

草莓枯萎病心叶黄化、小叶畸形

草莓枯萎病是土传真菌性维管束病害，在草莓产地均有发生。

为害症状

草莓枯萎病多在苗期和开花坐果期发病。发病初期，叶柄出现黑褐色长条状病斑，外围叶自叶缘开始变为黄褐色。严重时叶片下垂，变为淡褐色，后枯黄，最后枯死。心叶发病，变黄绿或黄色，有的卷缩或呈波状而成畸形叶，病株叶片失去光泽，在3片小叶中往往出现1～2叶畸形或变狭小硬化，且多发生在一侧，植株生长衰弱、矮小，最后呈枯萎状。与此同时，根系减少，细根变黑腐败。受害轻的病株症状有时会消失。病株根冠部、叶柄、果梗维管束横切面呈环形点状褐变，根部纵剖镜检可见菌丝。轻病株结果减少，果实不能膨

草莓枯萎病田间为害状（初期）

大，品质差，减产，匍匐茎明显减少。草莓枯萎病症状与黄萎病近似，但枯萎病发病后草莓植株心叶黄化、卷缩或畸形，且发病高峰期在高温季节。

发生特点

此病由真菌界子囊菌门尖镰孢草莓专化型（*Fusarium oxysporum* f. sp.*fragariae* Winks & Y.N. Willams）侵染所致。病菌以菌丝体和厚垣孢子随病残体遗落土中或未腐熟的带菌肥料中越冬，成为翌年的主要初侵染源。病菌在植株萌发子苗时进行传播蔓延。在环境条件适宜时，厚垣孢子萌发后从自然裂口和伤口侵入寄主根茎维管束内进行繁殖、生长发育，形成小型分生孢子，并在导管中移动、增殖，通过堵塞维管束和分泌毒素，破坏植株正常输导机能，造成植株萎蔫枯死。

病菌喜温暖潮湿环境，最适发病温度在28～32℃，是耐高温型的病菌。浙江及长江中下游草莓种植区，草莓枯萎病的主要发病盛期在5月至

6月及8月下旬至9月。

保护地栽培明显比露地栽培草莓发病重。田块间连作地及地势低洼、排水不良、雨后积水的田块发病早且为害重；特别是天气时雨时晴或连续阴雨后突然暴晴，病症表现快且发生重。栽培上偏施氮肥、施用未充分腐熟的带菌农家肥、植株长势弱和地下害虫为害重的地块，易诱发此病。年度间梅雨期和秋季多雨年份发病重。

■ 防治要点

①实行与水稻等作物3年以上水旱轮作或土壤消毒，减少土壤中的病原菌。②建立无病苗圃，加强苗期管理，培育无病壮苗。③实行高畦苗床栽培，施用充分腐熟的有机肥，控制氮肥施用量，增施磷钾肥及微量元素，雨后及时排水。④发现中心病株，及时拔除并集中销毁，病穴用生石灰消毒。⑤药剂防治。在发病初期选用560克/升阿米多彩（嘧菌·百菌清）悬浮剂600倍液，或46%可杀得叁千（氢氧化铜）水分散粒剂800倍液，或30%福先（氰烯菌酯·苯醚甲环唑）悬浮剂1500倍液，或15%初众（氰烯菌酯）悬浮剂600倍液，或68%噁霉·福美双可湿性粉剂750倍液，或30%甲霜·噁霉灵水剂1500倍液，或10亿CFU/克多粘类芽孢杆菌可湿粉剂250倍液，或10%多抗霉素可湿性粉剂500倍液等，喷淋秧苗茎基部位，每隔7～10天1次，连续防治3～4次。

专家提醒

草莓枯萎病属土传性顽固病害，目前在生产上尚无特效防治药剂。最佳防治措施是开展土壤消毒，具体技术要点参见附录"三、草莓连作地土壤消毒技术要点"。

当草莓育苗地出现少量点块状集中为害时，可以集中喷药防治或直接挖除。若整个苗圃出现大量发病中心时，建议放弃管理，改种其他作物。

草莓黄萎病

草莓黄萎病属土传真菌性维管束病害，是草莓生产中的常见病害之一。草莓黄萎病除为害草莓外，还为害茄子、番茄、甜瓜、黄瓜和棉花等作物。

为害症状

草莓黄萎病染病植株新生叶变黄绿色，并扭曲成舟形，3片小叶中往往有1～2片叶变小而成畸形叶，表面粗糙无光泽。畸形叶多发生在植株的一侧，呈现"半身凋萎"症状。继而下部叶变黄褐色，上部叶自叶缘开始干枯，直至全株死亡。根系减少，根变为黑褐色，甚至腐败，但中心柱不变

草莓黄萎病小叶畸形、变黄绿

草莓黄萎病植株"半身凋萎"、黄化

色。切开被害株根茎、叶柄、果柄，横切面可见维管束褐变。其与草莓枯萎病的区别在于黄萎病在夏季高温季节不发病，心叶畸形、黄化。

发生特点

此病由真菌界子囊菌门黑白轮枝菌（*Verticillium alboatrum* Reinke & Berthold）和大丽花轮枝菌（*Verticillium dahliae* Kleb.）侵染所致。病菌在寄主病残体内以菌丝体、厚垣孢子或拟菌核在土壤中越冬，一般可存活6～8年，带菌土壤是病害侵染的主要来源。环境条件适宜时，病菌借助带病母株、土壤、水源及农具等进行传播，从植株根部伤口或直接从幼根的表皮和根毛侵入，在植株维管束内繁殖，并不断扩散到植株叶片及根系，引起植株系统性发病，最后干枯死亡。

病菌喜温暖潮湿环境，发病最适气候条件为温度25～28℃，相对湿度60%～85%。浙江及长江中下游地区草莓黄萎病的发病盛期在5～6月及

草莓黄萎病病株根系减少、褐变

9～10月。在草莓育苗地、假植苗地和定植初期发生为害重。保护地及露地栽培草莓发病敏感生育期为开花坐果期。

此病是顽固性土传病害，为害性大。土壤通透性差、过干过湿、多年连作、氮肥过多或有线虫为害的地块均易导致黄萎病的严重发生。

■ 防治要点

参见"草莓枯萎病"。

草莓黄萎病病株根部维管束褐变

草莓青枯病

　　草莓青枯病属土传细菌性维管束病害，是草莓生产中的主要病害之一，我国长江流域以南地区草莓栽培区均有发生。青枯病病菌寄主范围广泛，除草莓外，还为害番茄、茄子、辣椒及大豆、花生等100多种植物，以茄科作物最感病。

草莓青枯病病株下位叶片凋萎

■ 为害症状

　　草莓青枯病多见于夏季高温时的育苗圃及栽植初期，主要为害根茎部。发病初始，草莓植株下位叶1～2片凋萎。随着病情加重，部分叶片突然失水，绿色未变而萎蔫，叶片下垂似烫伤状。起初2～3天植株中午萎蔫，夜间或雨天尚能恢复，4～5天后夜间也萎蔫，并逐渐枯萎死亡。根部受害，地上部表现为叶柄紫红色，基部叶片凋萎下垂，最后全株枯死。横切病株短缩茎，发病前期维管束不变色，后期因维管束管壁坏死而变褐色。严重时短缩茎变褐腐败，并逐步向内扩展。根系短时间内基本正常，有别于炭疽病和黄萎病。

发生特点

此病是由细菌域变形菌门茄科雷尔氏菌［*Ralstonia solanacearum*（Smith）Yabuuchi et al.］侵染所致。病原细菌在草莓母株根茎部或随病残体在土壤中越冬，通过土壤、雨水和灌溉水或农事操作传播。病原细菌腐生能力

草莓青枯病病株叶柄紫红色，根部变色腐败

病株由根茎部呈铁锈色逐渐向茎内部扩展，维管束变色

强，并具潜伏侵染特性，常从根部伤口侵入，在植株维管束内进行繁殖，向植株上、下部蔓延扩散，使维管束变褐腐烂。病菌在土壤中可存活多年。病原细菌寄主范围广，与茄子、番茄的青枯病为同一病原。

病菌喜高温潮湿环境，最适发病条件为温度35℃、湿度80%以上和pH6.6。环境愈适宜，发病速度愈快，最快从发病到死亡仅需48小时。浙江及长江中下游的发病盛期在6月的苗圃期和8月下旬至9月上旬的草莓定植初期。

久雨或大雨后转晴，高温阵雨或干旱灌溉，地面温度高，田间湿度大时，易导致青枯病严重发生。草莓连作地及地势低洼、排水不良的田块发病较重。

■ 防治要点

①实行水旱轮作，避免与茄科作物轮作。草莓连作地提倡隔年进行1次土壤消毒。②提倡营养钵育苗，减少根系伤害；高畦深沟，合理密植，适时排灌，防止积水和土壤过干过湿；及时摘除老叶、病叶，增加通风透光。③加强肥水管理，适当增施氮肥和钾肥，施用充分腐熟的有机肥或草木灰，调节土壤pH。④发现中心病株，及时拔除并集中销毁，病穴用生石灰消毒。⑤药剂防治。在发病初期，选用20%碧生（噻唑锌）悬浮剂300～400倍液，或2%春雷霉素水剂300～500倍液，或20%噻菌铜悬浮剂500倍液，或30%琥胶肥酸可湿性粉剂600倍液，或3%噻霉酮微乳剂750倍液等，灌根，每7天1次，连续防治3～4次。

专家提醒

草莓青枯病是土传细菌性顽固病害，虽然铜制剂杀菌剂对其有一定防效，但最佳防治措施是开展土壤消毒，具体技术要点参见附录"三、草莓连作地土壤消毒技术要点"。

草莓芽枯病

草莓芽枯病也称草莓立枯病，是我国草莓产区普遍发生的病害之一，分布广泛。草莓芽枯病除为害草莓外，还为害大豆、棉花和蔬菜等多种作物。

为害症状

草莓芽枯病主要为害花蕾、芽、新生叶，引起幼苗立枯，也可侵染成龄叶、果柄、短缩茎等。植株基部染病，初始症状不明显，植株暗绿、无光泽，后近地面部位产生褐色病斑，逐渐凹陷，有时会出现白色蛛丝状霉层

草莓芽枯病病株新芽基部染病，变褐并干枯死亡

草莓芽枯病病株新芽黄化

草莓芽枯病子苗感病，新芽干枯死亡

（即病原菌的菌丝体）。蛛丝状霉层可将几个叶片缀连在一起。叶柄基部和托叶染病，病部干缩直立，叶片青枯倒垂。开花前受害，使花序失去生机，并逐渐青枯萎倒。新芽和蕾染病后逐渐萎蔫，呈青枯状或猝倒，后变黑褐色枯死。茎基部和根部受害，皮层腐烂，地上部干枯易拔起。果实染病，表面产生暗褐色不规则斑块、僵硬，最终全果干腐。急性发病时植株呈猝倒状。

发生特点

此病由真菌界担子菌门立枯丝核菌（*Rhizoctonia solani* J.G. Kühn）的不同融合群侵染所致。病菌以菌丝体或菌核随病残体在土壤中越冬，以病苗、病土传播，栽植草莓苗时遇该菌侵染即可发病。如没有合适寄主时，病菌可在土壤中生活2～3年。

病菌喜温暖潮湿环境，发病最适温度为22～25℃，在整个草莓生育期均可发病。气温低及遇有多阴雨天气易发病，寒流侵袭或高温等气候条件发病重，多湿多肥的栽培条件容易导致病害的发生蔓延。田间常与草莓灰霉病混合发生。

保护地栽培时，密闭时间长、通风不及时、高温高湿，发病早而重。露地草莓栽植过深、密度过大、灌水过多或园地淹水，会加重发病程度。夏季育苗，草莓芽枯病时有发生。

防治要点

①加强管理，避免深栽密植，适时通风换气，防止棚内湿气滞留，尽量增加光照。②发现中心病株，及时连土一起挖出集中销毁。③药剂防治。苗床消毒可选用70%噁霉灵可湿性粉剂3000倍液等。发病初期，可选用42.4%健达（唑醚·氟酰胺）悬浮剂2000倍液，或240克/升满穗（噻呋酰胺）悬浮剂1500倍液，或50%凯泽（啶酰菌胺）水分散粒剂1200倍液，或50%卉友（咯菌腈）可湿性粉剂5000倍液，或500克/升扑海因（异菌脲）悬浮剂800倍液等喷雾防治。

草莓轮斑病

　　草莓轮斑病又称草莓"V"形褐斑病，我国各草莓产地普遍发生，个别地区发病严重，以草莓育苗地和露地栽培为害较重。

为害症状

　　草莓轮斑病主要为害叶片、叶柄和匍匐茎。发病初期，在叶面上产生紫红色小斑点，并逐渐扩大成圆形或近椭圆形的紫黑色大病斑，此为该病

草莓轮斑病近圆形紫黑色大病斑及病菌分生孢子器

明显特征。病斑中心深褐色，周围黄褐色，边缘红色、黄色或紫红色。病斑上有时有轮纹，后期会出现小黑斑点（即病菌分生孢子器）。严重时病斑连成一片，致使叶片枯死。病斑在叶尖、叶脉发生时，常使叶组织呈"V"字形枯死，故亦称草莓"V"形褐斑病。

草莓轮斑病"V"字形病斑及病菌分生孢子器

发生特点

此病由真菌界子囊菌门暗拟茎点霉［*Phomopsis obscurans*（Ellis & Everh.）B. Sutton］侵染所致。病菌以分生孢子器及菌丝体在病叶组织或病残体在土壤中越冬，成为翌年初侵染源。越冬病菌到翌年6～7月气温适宜时产生大量分生孢子，借助雨水溅射和空气传播进行侵染，而后病部不断产生分生孢子进行多次再侵染，加重为害。

病菌喜温暖潮湿环境，发病最适温度为25～30℃。浙江及长江中下游地区草莓轮斑病主要发病时期从6月至7月中旬开始（梅汛期）至9月，特别是在夏秋季高温高湿季节发病尤为严重。草莓重茬地及苗床水平畦漫灌水发病重。

■ 防治要点

①适时摘除病叶、老叶，减少氮肥使用量，促使植株健壮，提高自身抗逆能力，是防治草莓轮斑病的有效方法。②草莓移栽时摘除病叶后，选用25%凯润（吡唑醚菌酯）乳油1500倍液等浸苗15分钟左右，待药液晾干后种植。③发病初期，可选用80%大生M-45（代森锰锌）可湿性粉剂600倍液，或70%品润（代森联）水分散粒剂600倍液，或60%百泰（唑醚·代森联）水分散粒剂750倍液，或68.75%易保（噁酮·锰锌）水分散粒剂800～1000倍液，或250克/升阿米西达（嘧菌酯）悬浮剂1500倍液，或250克/升凯润（吡唑醚菌酯）乳油1500倍液，或50%美派安（克菌丹）可湿性粉剂600倍液，或12%健攻（苯甲·氟酰胺）悬浮剂1000倍液等喷雾防治。

专家提醒

轮斑病、蛇眼病、角斑病、黑斑病、褐斑病、叶枯病等统称为草莓叶斑病，主要发生在草莓育苗期。雨天及露珠未干苗不能随意掰叶，以免造成更多伤口而易感病。清除老叶和病残体后，应立即喷药预防。零星发病时可与草莓炭疽病兼治。

草莓蛇眼病

草莓蛇眼病又称草莓白斑病、叶斑病，在我国草莓栽培区广泛发生。

为害症状

草莓蛇眼病主要为害叶片，大多发生在老叶上，叶柄、果梗、浆果也可受害。叶片染病，初期出现深紫红色的小圆斑，以后病斑逐渐扩大为直径2～5毫米的圆形或长圆形斑点，病斑中心为灰色，周围紫褐色，呈蛇眼

草莓蛇眼病深紫红色小病斑

状。为害严重时，数个病斑融合成大病斑，叶片枯死，并影响植株生长和芽的形成。果实染病，浆果上的种子单粒或连片被侵害，被害种子连同周围果肉变成黑色，丧失商品价值。

发生特点

此病由真菌界子囊菌门厚环柱隔孢［*Ramularia grevilleana*（Oudem.）Jørst.］侵染所致。病菌主要以病株、落叶上的菌丝体越冬，有的可产生子囊壳越冬。翌年春季产生分生孢子或子囊孢子借助空气传播和初次侵染，后病部产生分生孢子进行再侵染。病苗和落叶上的子实体是主要的

草莓蛇眼病蛇眼状病斑

草莓蛇眼病数个病斑融合成大病斑

传播体。

　　病菌喜潮湿的环境，发病的最适温度为18～22℃，低于7℃或者高于23℃不利于发病。重茬田、排水不良、管理粗放的多湿地块或植株生长衰弱的田块发病重。浙江及长江中下游草莓种植区，初夏和秋季光照不足、多阴雨的天气发病严重。

■ 防治要点

　　参照"草莓轮斑病"防治要点。

草莓角斑病

草莓角斑病又称褐角斑病、灰斑病，是草莓苗期的主要病害之一，在南方草莓产区均有发生。

为害症状

草莓角斑病主要为害叶片，初始产生暗紫褐色多角形病斑，不受叶脉限制。病斑边缘色深，扩大后变为灰褐色。后期病斑上有时具轮纹。

草莓角斑病病叶，初始叶片产生暗紫褐色多角形病斑，不受叶脉限制，病斑边缘色深

草莓角斑病病斑边缘色深，扩大后变为灰褐色

■ 发生特点

此病由真菌界子囊菌门草莓生叶点霉（*Phyllosticta fragaricola* Roberge ex Desm.）侵染所致。病菌以分生孢子器在草莓病残体上越冬，翌年春季温、湿度适宜时产生分生孢子，并通过雨水和灌溉水传播进行初次侵染和多次再侵染。浙江及长江中下游地区以5～6月草莓苗期发病较重。

■ 防治要点

参照"草莓轮斑病"防治要点。

草莓黑斑病

草莓黑斑病是草莓常见病害之一，在我国各草莓产地普遍发生。

为害症状

草莓黑斑病主要为害叶、叶柄、茎和浆果。叶片染病，在叶片上产生直径5～8毫米的不规则病斑，略呈轮纹状，病斑中央呈灰褐色，有蛛网状霉层，病斑外常有黄色晕圈。叶柄或匍匐茎染病，常产生褐色小凹斑，当病斑围绕叶柄或茎部一周后，因病部缢缩干枯易折断。果实染病，果实上产生黑色病斑，上有黑色霉层。病斑仅在皮层，一般不深入果肉，但因黑霉层污染而使浆果丧失商品价值。一般贴地果实发病较多。

草莓黑斑病正面叶

草莓黑斑病背面叶

发生特点

此病由真菌界子囊菌门互隔链格孢 [*Alternaria alternata* (Fr.) Keissl.] 侵染所致。病菌以菌丝体在病株或落地病残体上越冬，借助种苗等传播。环境中的病菌孢子也可引起发病。

病菌在高温高湿天气和田间潮湿条件下易发生和蔓延，重茬地发病较严重。浙江及长江中下游地区草莓黑斑病以侵染育苗地草莓秧苗为主，发病期为6～8月。

防治要点

①选择抗病品种。品种间抗性差异较大，如盛岗16号最为感病，红颊、红玉、醉颊、妙香较抗病。②草莓生长期间及时摘除病老残叶和病果，一季结束后要彻底清洁园地。③药剂防治。参照"草莓轮斑病"防治要点。

草莓褐斑病

草莓褐斑病是草莓苗期常见病害之一，在我国各草莓栽培区发生普遍。

为害症状

草莓褐斑病主要为害幼嫩叶片。嫩叶染病，从叶尖开始发生，沿中央主脉向叶基作"V"字形或"U"字形迅速扩展，病斑褐色，边缘浓褐色，病斑内可相间出现黄绿红褐色轮纹，最后病斑上着生黑褐色的分生孢子堆。老叶染病，起初为紫褐色小斑，逐渐扩大成褐色不规则的病斑，周围常呈

草莓褐斑病嫩叶染病，从叶尖开始发生，沿中央主脉向叶基作"V"字形或"U"字形迅速扩展

暗绿色或黄绿色。一般一张叶片只有1个大病斑，严重时出现半叶或2/3叶枯死，甚至整叶死亡。此病还可为害花和果实，导致花萼、花柄枯死，果实受害出现干性褐腐，病果僵硬。

发生特点

此病由真菌界子囊菌门果生拟日规壳菌 [*Gnomoniopsis fructicola*（G.Arnaud）Sogonov] 侵染所致。病菌在病残体上越冬和越夏，秋冬季节形成子囊孢子和分生孢子，借助风雨进行传播侵染。

病菌喜温暖潮湿环境，发病适宜温度为20～30℃，30℃以上发生极少。浙江及长江中下游地区草莓褐斑病的主要发病期在5～6月，特别是在梅雨季节的多阴雨天气可加剧此病的发生和蔓延。

草莓褐斑病老叶染病，起初为紫褐色小斑，逐渐扩大成褐色不规则的病斑，周围常呈暗绿色或黄绿色

保护地栽培或低温多湿、偏施氮肥、光照条件差、管理粗放、苗长势弱等发病严重。

防治要点

参照"草莓轮斑病"防治要点。

草莓叶枯病

草莓叶枯病又称紫斑病、焦斑病等，是草莓苗期叶部的常见病害之一，我国各草莓产区发生普遍。

为害症状

草莓叶枯病主要为害叶、叶柄、果梗和花萼，春秋两季发病重。叶片受害后产生紫褐色无光泽小斑，逐渐扩大成直径3～4毫米的不规则病斑。病斑中央与周缘颜色变化不大，且病斑有沿叶脉分布的倾向。严重发病时，叶面布满病斑，后期全叶黄褐色至暗褐色，直至枯死，在病叶枯死部位长出黑色小粒点。叶柄和果梗染病后，出现黑褐色凹陷病斑，病部组织变脆、易折断。

草莓叶枯病初期症状

草莓叶枯病后期病叶

草莓叶枯病田间为害状

发生特点

此病由真菌界子囊菌门委陵菜盘二孢［*Marssonina potentillae*（Desm.）Magnus］侵染所致。病菌分生孢子盘在叶面散生或聚生，以子囊壳或分生孢子器在植株病组织或落地病残体上越冬，春季释放出子囊孢子或分生孢子借助空气扩散传播，侵染发病，也可由带病种苗进行远距离传播。此病属低温性病害，早春和晚秋雨露较多的天气有利于发病。健壮植株发病轻，瘦弱植株易发病。浙江及长江中下游草莓种植区，草莓叶枯病的主要发病盛期在3～4月及10月。

防治要点

参照"草莓轮斑病"防治要点。

草莓绿瓣病

草莓绿瓣病是草莓生产上的毁灭性病害。

为害症状

草莓绿瓣病最典型的症状是花瓣变为绿色，并且几片花瓣常连生在一起，变绿的花瓣后期变红。叶片受害，叶缘失绿，变黄或变红。叶柄受害，

草莓绿瓣病病株

缩短，植株严重矮化，呈丛簇状。浆果受害，果实瘦小呈锥形，花托延长，基部扩大并变红色。病株在盛夏往往衰萎和枯死，但有些病株还能暂时恢复正常。

发生特点

此病的病原菌为细菌域软壁菌门植原体（*Candidatus* Phytoplasma）。菌体的基本形态为圆球形或椭圆形，形态多变为丝状、杆状或哑铃状等。球状菌体直径大小在80～1000纳米，杆状菌体直径长达数微米至150微米，宽0.2～0.3微米。在染病植物组织和传毒昆虫体内都可观察到类菌原体颗粒，主要分布于病株叶柄、叶脉或根的韧皮部筛管细胞中。草莓绿色花瓣病主要通过叶蝉传播。草莓6～10月均可发病，大棚草莓3～5月发病，但叶蝉传毒高峰期在8月。草莓绿瓣病还可通过菟丝子传播。

防治要点

①加强植物检疫。草莓绿瓣病仅在局部地区发生，常造成毁灭性为害。因此，从发病区引种时，要严格进行植物检疫，一旦发现应立即销毁，杜绝传入。②防病先治虫。生产上要严防传毒叶蝉，防治要点参照"大青叶蝉"。③使用抗生素。病菌对四环素敏感，植株感病初期采用四环素液浸泡根部或叶面喷施，可使病株不同程度康复。④培育和栽培无病种苗。草莓苗在40～42℃下处理3周，切取新生匍匐茎或小植株的顶端分生组织进行培养，可获得无绿瓣类菌原体的母株，在防虫条件下进行隔离繁殖。无毒种苗尽可能种植在远离种有草莓的地方，每隔3～5年换一次种。

草莓根结线虫病

草莓根结线虫病是草莓重要土传病害，严重发生时可减产40%以上。

■ 为害症状

根结线虫病主要为害根系。受害植株须根和毛根上形成大小不等的瘤状根结，根系不发达，长势弱，叶片变黄，严重时植株萎缩，提早枯死。

■ 发生特点

此病由植物病原线虫南方根结线虫[*Meloidogyne incognita*（Kofoid & White）Chitwood]等多种根结线虫侵染所致。以卵和2龄幼虫在植株根组织中越冬。翌年春季条件适宜时，越冬卵孵

草莓根结线虫病

化出幼虫或越冬幼虫继续发育，迁离根瘤组织，侵入新根。病原线虫借助土壤、病苗及灌溉水等传播蔓延，多从寄主根尖侵入，在寄主病组织内取食、生长发育和繁衍为害，发病潜育期为15～45天。

草莓根结线虫病病株须根和毛根上形成大小不等的瘤状根结

根结线虫幼虫最适土温为25～30℃，最适土壤湿度为40%～70%，10℃以下停止活动，超过55℃时死亡。

浙江及长江中下游地区草莓根结线虫病的发病盛期在6～10月，年度间以夏秋季阶段性多雨的年份发病重。根结线虫多分布在20厘米的土层，以3～10厘米土层内最多。地势高燥、土质疏松、湿度适宜、土壤盐分少的地块易发生为害，重茬地发病重。

■ 防治要点

①选择无病区育苗并严格实施检疫，避免此病的发生。②实行与水稻等作物3年以上水旱轮作或土壤消毒，减少土壤中的病原线虫。③药剂防治。老病区每亩施用10%噻唑膦颗粒剂2千克或2亿孢子/克拟淡紫青霉粉剂2千克等在整地时混入耕土层。发病初期可选用41.7%路富达（氟吡菌酰胺）悬浮剂6000倍液，或6%寡糖·噻唑膦水乳剂500～750倍液，或5%阿维菌素微乳剂500倍液等喷淋定植穴。

草莓鸡爪病

草莓鸡爪病是保护地栽培草莓的常见生理性病害之一。

为害症状

草莓花序抽发后花器瘦小，整个花序的花柄部分全部弯曲成鸡爪状；花谢后，花萼片迅速增大，似小复叶环抱幼果。幼果绿色，茸毛长，果僵而不长或成畸形小果，极少能正常成熟。

发病花序的花柄部位全部弯曲成鸡爪状

■ 发生特点

　　草莓鸡爪病主要发生在保护地栽培草莓上，品种以红颊为多，丰香也有少量发生。以第一和第二花序发生居多，第三花序相对发生较少。低温、高湿、寡照以及蜜蜂活动受限的条件下易发多发，导致授粉受精不良以及果实生长发育受阻。

病株花序成鸡爪状，幼果茸毛长，果僵而不长或成畸形小果

■ 防治要点

　　①大棚栽培品种搭配种植，如红颊园中配种花粉多的章姬品种。②大棚保温，白天一般气温不低于15℃，便于蜜蜂活动。③草莓移栽前15天和栽培后开花前慎用三唑类药剂。

草莓小叶苗

■ 为害症状

　　草莓植株细瘦、矮小，叶柄茸毛长而密，外观酷似红颊品种。植株繁殖性极强，每亩可繁育子苗数量高达12万株以上（正常为5万～7万株）。子苗成活率极高，通常在移栽后2天秧苗即能成活。花序细长，顶端花蕾勾起，鸡爪状。第一和第三花序会有少量畸形果，但多数花而不实，第二

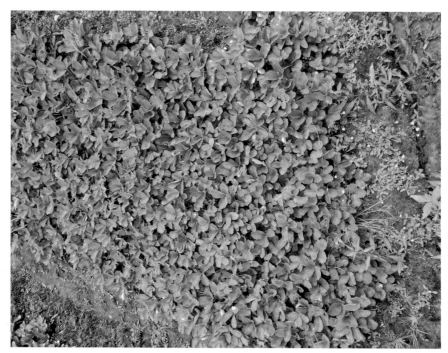

草莓小叶苗植株细瘦、矮小，田间繁苗率极高

花序完全花而不实（冬季低温时）。花朵小，5个花瓣之间有明显间隔距离（正常花瓣相互重叠或排列紧密），雄蕊干瘪不育（没有花粉），雌蕊瘦小。

■ 发生特点

品种种性退化所致。

■ 防治要点

苗期注意识别，尤其注意与红颊子苗的甄别。

小叶苗植株叶柄茸毛长而密

与正常花（左）相比，小叶苗花朵小，5个花瓣之间常有明显间隔距离，雄蕊干瘪不育，雌蕊瘦小

小叶苗花序细长，顶端花蕾勾起，鸡爪状，花而不实或果实畸形

草莓丛株

整个草莓生产期均有发生。

为害症状

草莓植株长势旺盛，分蘖多；叶片数量多，小而薄；花序多直立，花朵相对偏小，授粉不良；畸形果多，果实小，产量低。如在育苗期发生，则母株长势旺，分蘖多，繁育的子苗数量少。

草莓丛株（右）与正常植株（左）对比

发生特点

组培苗继代生根时分株剥离不清，产生多头苗；或者受栽培环境、病虫为害等影响，植株发生变异，形成丛株苗。

防治要点

引进草莓组培苗和移栽定植种苗时注意剔除丛株苗。

草莓畸形果

为害症状

草莓果实呈鸡冠状，或扁平状，或凹凸不整等形状，均属于畸形果实。

发生特点

一是保护地内授粉昆虫少或阴雨低温等不良环境影响授粉；二是开花授粉期间温度不适、光照不足、湿度过大或土壤过于干燥等情况出现，导致花发育受到影响或花粉稔性下降，出现受精障碍；三是棚内温度低于10℃或高于35℃，花粉及雌蕊受到伤害而影响授粉；四是品种本身育性不高，

草莓畸形果

大棚草莓放养蜜蜂授粉

雄蕊发育不良，雌性器官育性不一致；五是花芽分化期氮肥施用过量，导致畸形果的发生。

防治要点

①选用花粉量多、耐低温、畸形果少、育性高的品种，如章姬、红玉、丰香、鬼怒甘、女峰等。②改善管理条件，避免花发育受到不良因素影响。保持土壤湿润和开花期保护地湿度在60%左右，防止白天棚内35℃高温和夜间5℃以下的低温出现，提高花粉稔性，减少畸形果的发生。③防治朱砂叶螨、白粉病等病虫的药剂应在开花受精结束6小时后使用。④保护地内放养足够的蜜蜂，一般要求每个标准棚内放置1桶蜜蜂，蜜蜂量不少于5000只。当温度适宜时，草莓授粉率可达100%。

草莓裂果

草莓裂果是草莓结果期的常见生理性病害。

为害症状

多发生在果肩处，裂痕大小、宽度不一，果实失去商品价值。

发生特点

温度过高，果实生长过快，田间干湿不均或长期干旱，以及缺硼等原因易引发裂果。

防治要点

①加强植株管理，促进通风透光。②合理调节大棚温、湿度。③加强田间肥水管理。

草莓裂果

草莓缺钙

■ 为害症状

　　草莓缺钙最典型的症状是新嫩叶片皱缩，顶端不能展开，叶片褪绿，有淡绿色或淡黄色的界限。有时下部叶片也发生皱缩。顶端叶片不能充分展开，尖端叶缘枯焦。浆果受害，果实变硬、味酸。

草莓缺钙，新嫩叶片皱缩，尖端叶缘枯焦

草莓缺钙田间为害状

发生特点

保护地草莓植株缺钙多发生在春季3～4月，此时气温较高，植株营养生长加快，在土壤干燥或土壤溶液浓度高等情况会阻碍对钙的吸收。酸性土壤或砂质土壤中草莓植株容易发生缺钙现象。

防治要点

①在草莓种植前土壤增施石膏或石灰，一般每亩施用量为50～80千克，视缺钙程度而定。②及时进行园地灌水，并适时叶面喷施140克/升果蔬钙肥1500倍液，或40.9%钙美思750倍液，或611克/升悬浮钙3000倍液等。

专家提醒

由于钙在土壤中移动困难，当土壤电导率太高或土壤本身缺钙时，在草莓营养生长旺盛期应提前喷施钙肥，且植株生长越快，叶面追施钙肥的频率要越高，只有这样才能确保草莓不会出现缺钙症状。

草莓缺铁

为害症状

缺铁的主要症状是由嫩叶片黄化或失绿，逐渐向黄化深度发展并进而成为黄白化，发白的叶片组织出现褐色污斑。草莓严重缺铁时，叶脉为绿色，叶脉间表现为黄白色，色界清晰分明，新成熟的小叶变白色、叶缘枯死。缺铁植株根系生长差，长势弱，植株较矮小。

草莓缺铁，一般首先在幼叶表现为黄化失绿，叶脉保持绿色

发生特点

碱性土壤和酸性较强的土壤均易缺铁，土壤过干、过湿也易出现缺铁现象。

防治要点

草莓园地增施有机肥料或施用多元素复合肥，促进各种元素均匀释放。当草莓缺铁时可用硫酸亚铁和硫酸亚铁胺及尿素铁肥等叶面喷肥。

草莓缺锰

为害症状

缺锰的表现症状是新生叶片黄化，与缺铁、缺硫、缺钼时全叶呈淡绿色的症状相似。进一步发展后，叶片变黄，有清晰网状叶脉和褐色小斑点，是缺锰的独特症状。严重缺锰时叶脉保持暗绿色，叶脉之间黄色，叶片边缘上卷，有灼伤，呈放射状连贯

草莓缺锰表现为叶片黄化，向上反卷，网状叶脉，有褐色小斑点

横过叶脉而扩大，与缺铁有明显差异。缺锰植株长势弱，叶薄，果实较小。

发生特点

缺锰通常发生在碱性、石灰性土壤和砂质酸性土壤中的植株。

防治要点

施用有机肥时，放入硫黄，中和土壤碱性，降低土壤pH，提高土壤中锰的有效性，一般每亩放入硫黄1.3～2千克为宜。也可叶面喷施浓度为80～160毫克/升的硫酸锰水溶液，在开花或座果时慎用。

草莓高温日灼病

草莓高温日灼病是草莓生产中常见的生理性病害之一。在生产过程中，气温的急剧变化或大棚管理不当均易引起高温日灼病。

为害症状

草莓高温日灼病主要发生在草莓育苗期及部分敏感品种上。受害植株叶片似开水烫伤，失绿、凋萎，逐渐干枯。部分不耐高温的草莓品种，夏季高温期间中心嫩叶在初展或未展时叶缘急性干枯死亡，由于叶片边缘细胞

草莓嫩叶被高温灼伤，呈开水烫伤状

草莓老叶高温灼伤，叶片表面呈暗灰色

草莓匍匐茎高温灼伤，茎尖死亡

死亡，而叶片其他部分细胞生长迅速，使受害叶片多数像翻转的汤匙，且叶片明显变小，干死部分变褐色或黑褐色。夏季草莓苗地植株受高温灼伤，叶片边缘枯焦，匍匐茎前端子苗枯死或匍匐茎尖端枯死。

■ 发生特点

一是草莓品种本身对高温干旱较为敏感，如红颊、幸香等。二是草莓植株根系发育差，新叶过于幼嫩。三是长期阴雨，天气突然放晴，光照强烈，叶片蒸腾，形成被动保护反应。四是管理不当。3～4月大棚草莓棚内温度超过30℃以上，易发生高温烧苗。夏季气温超过35℃，育苗地草莓苗易受高温影响。草莓苗受日灼危害后长势减弱，影响秧苗素质。

■ 防治要点

①选择健壮母株，在疏松肥沃的田块种植，以利根系生长，培育长势强的子苗，提高植株抗逆性。②对高温干旱较敏感的红颊、章姬、白雪公主等品种，在夏季高温来临前可用遮阳网搭棚遮盖，既减少强光直射，又通风，可有效降低苗地温度。③3月中旬以后草莓大棚要及时通风，棚内气温掌握在25℃左右。夏季高温干旱来临前草莓育苗地要及时灌水，采取夜灌日排，切勿苗地积水。苗期喷施2次绿力倍健（含氨基酸水溶肥料）750倍液，有助于提高草莓苗抗高温能力。④受害后及时选用艾格富（海竹藻植物生长活性剂）300～500倍液+1.8%爱多收（复硝酚钠）水剂3000倍液等，喷雾防治。

> **专家提醒**
>
> 赤霉素会阻碍草莓根系发育，在高温干旱期慎用赤霉素。

草莓冻害

冬季或初春期间气温急剧下降时易发生草莓冻害。

为害症状

草莓受冻后，雄蕊和雌蕊向上隆缩，雄蕊和雌蕊变褐色，至后期雄蕊变黑褐色枯死；幼果褪色；叶片部分冻死干枯。

草莓花雌蕊冻伤，变褐色

草莓花雄蕊冻伤，变褐色

■ 发生特点

浙江和长江中下游地区通常在12月下旬至翌年2月上旬，受北方冷空气的严重影响，气温下降过快而使草莓叶片、花和幼果受冻；在蕾期、花期和幼果期保护地内出现5℃以下的低温时，花不能正常发育，雌蕊即发生冻害，雄蕊受冻变

草莓花受冻，花蕊变褐色枯死

黑死亡，花瓣出现似开水烫伤状失水，严重时叶片会呈片状干卷枯死；幼果停止发育，并干枯僵死。

草莓幼果受冻，褪色坏死

■ 防治要点

①冷空气来临前园地灌水，增加保护地土壤湿度，提高抗寒能力。②降温时，保护地内增盖一层中棚薄膜防寒，提升对外界的隔温条件。③棚内进行人工加温。④降温前和寒潮过后，及时在叶面喷施益施帮或望秋氨基酸600倍液＋1.8%爱多收（复硝酚钠）水剂3000倍液等，提高植株抗寒能力。

草莓果实冻害症状

草莓氨害主要是指保护地栽培的草莓受氨气为害，每年均有不同程度的发生。

为害症状

草莓受氨气为害，绝大多数发生在老叶片上。初期表现为叶片边缘夜间不"吐水"，近叶缘处出现褪绿，后逐步转变为淡红色和紫褐色，并发展到叶缘枯死或全叶死亡。严重发生时，全园草莓叶片类似"火烧"，叶片成黄白色枯叶，干燥易碎，花萼枯黄，果实畸形，影响产量。

草莓氨气为害田间症状

发生特点

通常在保护地大棚覆盖后15天内，草莓氨气为害最易发生。由于草莓移植前施用的大量有机肥（底肥）正处于分解阶段，白天气温高，易出现保护地内氨气浓度过高。另外，当草莓施用追肥后2～3天、长时期阴雨、草莓闭棚时间过长或土壤长期干燥，园地灌水后肥料分解产生氨气，在通风不良的情况下，保护地内氨气浓度易超过草莓生长的临界浓度，造成草莓叶片受害。

草莓氨害田间为害状

当早晨开棚门时，迎面扑来一股刺鼻氨气臭味时，说明保护地内氨气浓度过高。

防治要点

①在保护地覆盖大棚后的15天内，要求保护地通风时间长，早晨揭棚通风要早，傍晚盖棚要迟。②土壤干燥，浇（灌）水后2～3天肥料分解，早晚要及时通风。③冬季长期阴雨，闭棚时间过长，将会造成棚内氨气积聚过多，应根据当时的气温高低，进行适当的通风。④叶面喷施艾格富（海竹藻植物生长活性剂）300～500倍液或益施帮或望秋氨基酸600倍液+1.8%爱多收（复硝酚钠）水剂3000倍液等，可有效缓解氨害。

草莓氮害

草莓氮害主要是指在保护地栽培草莓上发生的硝态氮气为害。

为害症状

草莓受硝态氮气为害，绝大多数发生在草莓成熟老叶片上。初期受害表现为叶片呈斑块褪色，似开水烫伤，失去活力，后逐步转变为青枯色，有时叶脉变褐色，叶片干燥易碎。严重发生时，全园草莓成熟叶片青枯死亡，影响草莓产量。

草莓氮害叶片呈开水烫伤状斑块褪色、失绿

发生特点

草莓移植前使用大量易产生硝态氮气的有机肥（底肥）和草莓生产途中施用追肥，一般在保护地大棚覆盖后15天内或追肥后2～3天易发生氮气受害。冬季长时期阴雨，草莓闭棚时间过长；或园地土壤

草莓氮害叶脉变褐

长期干燥，灌水后肥料分解，产生大量的硝态氮气，在保护地通风不良的情况下，棚内的硝态氮气浓度超过草莓生长的临界浓度，造成草莓叶片受害。

当早晨开棚门时，迎面扑来一股酸溜溜的气味时，说明保护地内氮气浓度过高。

草莓氮害叶片青枯坏死

草莓氮害田间初始为害状

■ 防治要点

参照"草莓氨害"防治要点。

草莓氟害

■ 为害症状

草莓植株受害后叶片周边出现红褐色或紫褐色均匀斑驳，以后逐渐从叶缘向内干枯，叶片坏死，内侧有紫褐色或红褐色晕斑。严重受害时植株枯死。

■ 发生特点

含氟废气主要来源于炼铝、钢铁工业以及水泥、磷肥、氟塑料生产过程中产生的废气。

■ 防治要点

草莓生产要远离炼铝、钢铁、水泥、磷肥以及氟塑料生产厂，选择无氟废气污染的环境种植。其他防治方法参照"草莓氨害"防治要点。

草莓氟化物为害，叶片周边出现红褐或紫褐色均匀斑驳

草莓氟化物为害，从叶缘向内干枯，叶片坏死内侧有紫褐色或红褐色晕斑

草莓硫害

硫常以二氧化硫或硫化氢的形式进入大气，也有一部分以亚硫酸及硫酸（盐）微粒形式进入大气。空气中硫过量或在大棚防病时使用硫熏蒸器操作不当会造成草莓硫害。

为害症状

草莓被硫为害后一般3天即表现出植株生长不良，草莓老叶片叶缘由黄色逐渐变红褐色枯焦，叶脉和沿叶脉两侧出现不规则紫红色斑驳。严重时叶片凋萎干枯，植株茎尖停止生长，1周后植株死亡。

硫黄加热时温度过高或燃烧生产二氧化硫为害草莓

草莓受硫化物为害，定植初期植株黄化

硫化物草莓田间为害状

发生特点

一般是应用含硫超标的废水造成土壤、水体酸化，或受二氧化硫大气污染，以及大棚内使用硫黄熏蒸防病杀菌时间过长或温度过高而造成草莓植株硫害。

防治要点

叶片严重为害状

①草莓生产园地不宜应用含硫超标的废水，或不能在化工厂附近种植草莓。②大棚内使用硫熏蒸器防治病害，应适当掌握使用量和熏蒸时间。

草莓碘害

为害症状

草莓被碘为害后一般15天左右才能在植株上表现出老叶片由绿变紫褐色，叶缘枯焦逐渐向内扩展，直至全叶死亡。草莓果柄、短缩茎和芽眼均有不同程度为害，后来新抽生的新叶也会同样表现出受害症状。

发生特点

草莓对碘成分敏感，一般在大棚内使用含碘的熏蒸剂或药剂均会造成草莓植株碘害。

防治要点

在草莓生产中尽可能少使用或不使用含碘成分的农药。

草莓碘害表现为叶片由绿变紫褐色，叶缘枯焦，并逐渐向内扩展

草莓碘害表现为果柄、萼片变褐色坏死

草甘膦药害

草莓草甘膦药害主要由农事操作不当造成。

为害症状

草莓植株受害，常需3天后才逐渐显出症状，主要表现为新三复叶黄化，或新三复叶畸变，叶缘或叶肉变红色，逐渐黄化凋萎，茎尖停止生长，而老叶的叶色常不变。受害15天后植株死亡。大棚生产期草莓果实被低浓度草甘膦为害后主要表现为果面斑驳；褪红变白，甚至整个果实白化。

草甘膦药害造成草莓新三叶黄化

草甘膦药害导致草莓新三叶畸变，叶肉变红，茎尖停止生长

草甘膦药害造成草莓心叶簇生、黄化

草甘膦药害造成草莓果实白化

发生特点

一般是苗地周围使用草甘膦除草时飘移到草莓植株上，或者是田间使用草甘膦后随即种植诱发药害。大棚生产期喷药器械中草甘膦残留，喷雾时也会引发药害。

防治要点

①草莓生产园地不宜使用草甘膦除草。②在草莓育苗地或生产园地周围使用草甘膦除草时要谨防药害飘移。③设病虫防治专

草甘膦药害引起草莓果实白化

用喷雾器械。④药害症状表现初期，立即喷施艾格富（海竹藻植物生长活性剂）300～500倍液或益施帮或望秋氨基酸600倍液＋1.8%爱多收（复硝酚钠）水剂3000倍液等，每隔7～10天喷1次，连续喷施2～3次。

三唑类杀菌剂药害

三唑类杀菌剂药害是当前草莓中常见的生产性药害。

为害症状

　　育苗期草莓受害，叶片正面斑驳锈色、皱缩隆起、凹凸不平，新叶反卷，黄化或叶缘黄红色，叶缘枯焦；移栽前后草莓秧苗受害，出现僵苗，成活率下降，成活植株矮小，花茎缩短且呈鸡爪状，花朵小，果形小且成熟

移栽前后使用三唑类药剂，植株成活后矮小，花茎缩短

大棚生产期低温条件下使用三唑类药剂易产生药害，导致畸形果

大棚生产期低温条件下使用三唑类药剂，导致僵果

延期；大棚生产期草莓受害，诱发植株休眠、矮化、叶小，花茎缩短，呈鸡爪形，果实发僵或畸形，种子外露。

■ 发生特点

三唑类杀菌剂除具有内吸性强、杀菌谱广、防效好等特点外，对植物生长有很强的调节作用。在草莓苗期三唑类杀菌剂用量过高或使用过于频繁，以及在低温条件下使用三唑类杀菌剂，极易造成草莓受害。这是因为三唑类杀菌剂在防治病害过程中，同时也会抑制植物体内促进细胞伸长的赤霉素生物合成，从而植物表现矮化，叶片、果实小。

■ 防治要点

①使用三唑类杀菌剂切勿随意提高浓度。②草莓秧苗移栽前15天、草莓植株花序抽发前15天和冬季低温期（12月至翌年2月）停止使用三

草莓苗期三唑类过量使用，导致草莓心叶黄化

唑类杀菌剂。③药害症状表现初期，立即喷施艾格富（海竹藻植物生长活性剂）300～500倍液或绿力倍健（含氨基酸水溶肥料）750倍液＋1.8%爱多收（复硝酚钠）水剂3000倍液等，每隔7～10天喷1次，连续喷施2～3次。

专家提醒

目前市场上常见的三唑类杀菌剂有腈菌唑、苯醚甲环唑、氟硅唑、氟环唑、氟菌唑、戊菌唑、三唑酮、戊唑醇、烯唑醇、丙环唑、己唑醇等。

使用三唑类杀菌剂时，切勿随意与提高药剂内吸性、延展性、渗透性的植物油或矿物油等混用，否则将进一步加大药害风险。

斜纹夜蛾

学名 *Spodoptera litura*（Fabricius）

别名 斜纹夜盗蛾、莲纹夜蛾、花虫等

斜纹夜蛾属鳞翅目夜蛾科，是我国农业生产上的重要害虫。斜纹夜蛾的食性极杂，除为害草莓外，主要为害十字花科蔬菜、茄科蔬菜、豆类、瓜类，以及菠菜、葱、空心菜、土豆、藕、芋等，寄主植物多达99科290多种。

斜纹夜蛾卵块及低龄幼虫

斜纹夜蛾幼虫及其为害状

形态特征

　　成虫　体长14～20毫米，翅展30～40毫米，深褐色。前翅灰褐色，多斑纹，从前缘基部向后缘外方有3条白色宽斜纹带，雄蛾的白色斜纹不及雌蛾明显。后翅白色，无斑纹。

斜纹夜蛾高龄幼虫及其为害状

卵 扁半球形，集结成 3～4 层的卵块，表面覆盖有灰黄色疏松的绒毛。

幼虫 共6龄，体色多变，从中胸到第八腹节上有近似三角形的黑斑各1对，其中第一、第七、第八腹节上的黑斑最大。老熟幼虫体长35～47毫米。

斜纹夜蛾成虫

蛹 体长15～20毫米，圆筒形，末端细小，赤褐色至暗褐色，腹部背

斜纹夜蛾老熟幼虫与蛹

面第4～7节近前缘处有一个圆形小刻点，有一对强大而弯曲的臀刺。

发生特点

　　斜纹夜蛾从华北到华南年发生4～9代不等，华南及我国台湾省等地可终年为害，浙江及长江中下游地区常年发生5～6代，世代重叠严重。6月中下旬至7月中下旬是第一代发生期，但近年来斜纹夜蛾发生明显提早，4月下旬在保护地中已有零星发生。11月下旬至12月上旬是以老熟幼虫或蛹越冬。各代的全代历期差异大，第二代、第三代为25天左右，第五代在45天以上。

　　成虫昼伏夜出，飞翔力强，对光、糖醋液等有趋性，产卵前需取食蜜源补充营养。平均每只雌蛾产卵3～5块，400～700粒，多产于植株中下部叶片背面。初孵幼虫在卵块附近昼夜取食叶肉，留下叶片表皮，俗称"开天窗"。2～3龄幼虫开始转移为害，也仅取食叶肉。幼虫4龄后昼伏夜出，食量骤增，4～6龄的取食量占全代的90%以上，将叶片取食成小孔或缺刻，严重时可吃光叶片，并为害幼嫩茎秆及植株生长点。幼虫老熟后，入土1～3厘米，做土室化蛹。有假死性及自相残杀现象。在田间虫口密度过高时，幼虫有成群迁移习性。

　　斜纹夜蛾属喜温性害虫，抗寒力弱，发生最适温度为28～32℃，相对湿度为75%～85%，土壤含水量为20%～30%。浙江及长江中下游地区常年盛发期在7～9月，华北地区为8～9月，华南地区为4～11月。

防治要点

　　①清除杂草，结合田间作业摘除卵块及幼虫扩散为害前的被害叶。②采用性诱剂诱杀雄蛾，以干扰雌蛾交配活动，压低虫口基数。③药剂防治。根据幼虫为害习性，防治适期应掌握在卵孵高峰至低龄幼虫分散前，选择在傍晚太阳下山后施药，用足药液量，均匀喷雾叶面及叶背。在低龄幼虫始盛期可选用100克/升格力高（溴虫氟苯双酰胺）悬浮剂3000倍液，或240克/升雷通（甲氧虫酰肼）悬浮剂3000倍液，或22%艾法迪（氰氟虫腙）

悬浮剂600～800倍液，或300克/升度锐（氯虫·噻虫嗪）悬浮剂2000倍液，或50克/升美除（虱螨脲）乳油2000倍液，或10%倍内威（溴氰虫酰胺）可分散油悬浮剂1500倍液，或240克/升帕力特（虫螨腈）悬浮剂1500倍液，或150克/升凯恩（茚虫威）乳油1000倍液等喷雾防治。

专家提醒

　　蚕桑生产区施药须谨慎，防止药液飘移。

　　甲氨基阿维菌素苯甲酸盐具有高光解性、无内吸性等特点，虽然速效性尚可，但持续效性差，并且对天敌杀伤力强，易造成害虫再猖獗。根据《食品安全国家标准　食品中农药最大残留限量》（GB 2763—2021）规定，阿维菌素在草莓上的最大残留限量为0.02毫克/千克，且对天敌杀伤力强。在生产上不提倡使用甲氨基阿维菌素苯甲酸盐和阿维菌素及其复配制剂。

　　采用性诱剂诱杀是当前生产上防控斜纹夜蛾的有效措施。在斜纹夜蛾成虫始盛期，保护地栽培每个棚室设置1个诱捕点、露地栽培每亩设置1个诱捕点，每个诱捕点安装1个专用干式诱捕器并装配斜纹夜蛾诱芯1枚。诱捕器的诱虫孔离地面1米时诱杀效果最佳。

■ 性诱剂诱杀斜纹夜蛾

棉双斜卷蛾

学名 *Clepsis*（*Siclobola*）*strigana* Hübner

别名 抱叶虫

棉双斜卷蛾属鳞翅目卷蛾科，在国内大部分地区有分布，年度间呈间歇性猖獗发生。

形态特征

成虫 体小，金黄色，翅展15～20毫米。前翅淡黄色至金黄色，有金属光泽，雄蛾有前缘褶。后翅雄蛾为淡褐色，雌蛾呈黄白色。褶腹背如屋脊形。

卵 初产时淡黄色，半球形，鱼鳞状成块排列。

幼虫 紫绿色。老熟幼虫体长12～15毫米，头部和尾部尖小，略呈纺

棉双斜卷蛾幼虫及其为害状

锤形。头淡褐色有光泽，前胸硬皮板后缘两侧各有一斜菱形黑褐色纹斑，各节毛片及毛白色。

发生特点

浙江及长江中下游地区年发生4代，以幼虫或蛹越冬，翌年3月下旬成虫出现，4月中旬幼虫盛发，6月上中旬为第二代幼虫盛发期，以后各代世代重叠。在草莓上以第一代和第二代发生为害最重，幼虫吐丝将新叶、嫩头卷缀一起，潜居其中，将整张叶片结成饺子形虫苞。取食时将头伸出，取食为害嫩叶、花、蕾、果梗及果实。幼虫一生转苞1～3次，为害多株草莓，破坏性大，局部损失严重。

防治要点

①结合田间管理，捏杀虫苞中的幼虫，同时注意保护天敌。②药剂防治。参照"斜纹夜蛾"防治要点。

大青叶蝉

学名 *Tettigella viridis* Linnaeus

别名 大绿浮尘子、尿皮虎

大青叶蝉属同翅目叶蝉科，异名为 *Cicadella viridis*（Linnaeus），在全国各地均有发生。大青叶蝉食性杂，除为害草莓外，还为害梨、苹果、桃等果树。成虫和若虫刺吸草莓叶、叶柄、花序的汁液，一般造成轻度损失。

形态特征

成虫 体长8毫米左右，青绿色。头部黄色，单眼间有2个黑色小点。前胸前缘黄色，其他部分深绿色。前翅表面绿色，前缘淡白，端部透明。后翅及背部黑色。

卵 长约1.6毫米，宽0.4毫米，长卵圆形，光滑，乳白色，上细下粗，中间弯曲，常6～13粒排成新月形。

大青叶蝉成虫

若虫 初龄若虫体黄白色，3龄后转黄绿色，体背有3条灰色纵体线，胸腹有4条纵纹；末龄若虫呈黑褐色，翅芽明显，似成虫。

发生特点

大青叶蝉年发生4～6代，以卵在树干、枝条皮下越冬。翌春树液流动展叶时，卵开始孵化，若虫在多种植物上群集为害，5～6月出现第一代成虫，7～8月第二代成虫出现。第一、第二代成虫多在草莓和禾本科作物上

大青叶蝉成虫

产卵，第三代以后成虫迁移到林木果树及蔬菜上为害。成虫、若虫行动敏捷、活泼，常横向爬行，善跳跃、飞行，有较强的趋光性。

■ 防治要点

①在产卵越冬前用石灰液刷白草莓园四周的果树或林木的树干，防止成虫产卵和铲除越冬虫卵。②药剂防治。在成虫、若虫盛发期，可选用1.5%安绿丰（精高效氯氟氰菊酯）微囊悬浮剂1500倍液，或22%阿立卡（噻虫·高氯氟）微囊悬浮—悬浮剂6000倍液，或14%福奇（氯虫·高氯氟）微囊悬浮—悬浮剂2000～2500倍液，或300克/升度锐（氯虫·噻虫嗪）悬浮剂2000倍液，或4.5%高效氯氰菊酯水乳剂1000倍液，或50克/升百事达（顺式氯氰菊酯）乳油2000倍液等，连同周围杂草一并喷雾防治。

短额负蝗

学名 *Atractomorpha sinensis* Bolivar

别名 尖头蚱蜢、中华负蝗

短额负蝗属直翅目蝗科，是草莓常见的杂食性害虫。

形态特征

成虫 体长20~30毫米，草绿色，秋天多变为红褐色。头呈长锥形，尖端着生1对触角，粗短、剑状。绿色型自复眼后下方沿前胸背板侧面的底缘有略呈淡红色的纵条纹，体表有浅黄色瘤状颗粒。前翅狭长，超过后足腿节顶端部分的长度，为全翅长的1/3，顶端较尖；后翅短于前翅，基部玫瑰红。

卵 长椭圆形，黄褐色或深黄色，弯曲，较粗钝，倾斜排列成3~5行。

若虫 共有5龄，草绿色或略带黄色，与成虫相似。

短额负蝗成虫（体草绿色）

短额负蝗成虫（体红褐色）及其为害状

发生特点

浙江及长江流域地区年发生1代，以卵在沟边土下越冬。常年在5月中旬至6月中旬开始孵化，7～8月羽化为成虫，10月以后产卵越冬。

成虫、若虫日出活动，喜栖于植被多、湿度大、枝叶茂密或沟、灌渠两侧地带。成虫寿命在30天以上，每头雌虫产卵达150～350粒。初孵幼虫取食幼嫩杂草，3龄后扩散为害到草莓或蔬菜及其他植物上。干旱年份发生严重。

若虫在叶背剥食叶肉，低龄时留下表皮，高龄若虫和成虫将叶片咬成缺刻或洞孔，影响植株生长。

防治要点

①发生严重的地区，应在冬前浅铲园地及周围沟、渠和田埂，消灭土下卵块。②药剂防治。参照"大青叶蝉"防治要点。

绿盲蝽

学名 *Apolygus lucorum*（Meyer-Dür）

别名 小臭虫

绿盲蝽属半翅目盲蝽科，除海南、西藏以外，其他省份均有分布。绿盲蝽主要在长江流域和黄河流域地区为害棉花、桑、麻类、豆类、瓜类、蒿类、十字花科蔬菜、草莓、玉米、马铃薯、苜蓿、花卉、葡萄、梨以及药用植物等。

形态特征

成虫 体长5厘米，宽2.2厘米，绿色，密覆短毛。头三角形。前胸背板深绿色，布满刻点。小盾片三角形，微凸，黄绿色，有浅横皱。前翅革片绿色，楔片绿色，膜区暗绿色。足黄绿色，后足腿节末端具褐色环斑。

绿盲蝽成虫

卵 长1毫米，黄绿色，香蕉形，中央凹陷，两端突起，边缘无附属物。卵盖奶黄色。

若虫 共5龄。体绿色,有黑色细毛。1龄若虫体橘黄色,复眼红色。

绿盲蝽若虫

■ 发生特点

年发生3～5代,雌虫产卵期长,世代重叠严重,发生不整齐。以卵在杂草或棉田枯枝和落叶上越冬,长江流域也有成虫越冬现象。4月中、下旬开始孵化幼虫,7～8月为为害盛期,直至9月下旬迁飞至越冬场

叶片受害,沿叶脉皱缩,叶色发褐,变脆易破碎

所产卵。成虫喜阴，怕干燥，飞翔能力强，有趋光性和趋黄性，昼夜均可活动，活动高峰期在傍晚16：00到凌晨4：00。反应敏捷，若虫受震动掉地并逃逸，成虫稍受惊立即起飞。

成虫和若虫以刺吸幼芽、嫩叶、幼果的汁液为主。幼芽、嫩叶被为害后首先出现失绿斑点。随着叶片伸展，叶面沿叶脉皱缩，叶色变褐，而后叶片变脆，大面积破碎，俗称"破叶疯"。主心和边心被害，形成枝叶丛生的"扫帚苗"。幼果受害后，失水、畸形，严重时变僵果，失去商品价值。

幼果受害后畸形发僵

■ 防治要点

①农业防治。及时清理田间及周围的杂草，深埋或堆肥，消灭虫卵。②生物防治。七星瓢虫、中华草蛉、草间小黑蛛对绿盲蝽有较好的抑制作用。③药剂防治。在成虫和若虫盛发期，连同周围杂草一并防治。药剂选用参考"大青叶蝉"。

蚜 虫

别名 油虫

蚜虫属同翅目蚜科，在草莓产区多有发生，且种类很多，其中以棉蚜（*Aphis gossypii* Glover）最为常见。除为害草莓外，还可为害瓜类、茄科等多种作物。

蚜虫群聚为害草莓花序

形态特征

以棉蚜为例。

无翅胎生雌蚜　体长1.2～1.9毫米，夏季黄绿色，春、秋季深绿色。腹管黑色或青色，圆筒形，基部稍宽。尾片黑色，两侧各具毛3根。

有翅胎生雌蚜　体长1.2～1.9毫米，黄色、浅绿色或深绿色。前胸背板及胸部黑色。腹部背面有2～3对黑斑，有透明斑1对。腹管、尾片同无翅胎生雌蚜。

卵　圆形，初产时橙黄色，后多为暗绿色，有光泽。

蚜虫群聚叶背为害

　　若蚜　共4龄。末龄若蚜体长1.6毫米左右。无翅若蚜夏季体黄色或黄绿色，春、秋季为蓝灰色，复眼红色。有翅若蚜在第三龄后可见翅蚜2对，翅蚜后半部为灰黄色，夏季淡黄色，春、秋季为灰黄色。

蚜虫为害诱发煤污病

■ 发生特点

　　浙江及长江中下游地区棉蚜年发生20～30代，以卵在花椒、木槿、石榴、木芙蓉、鼠李等枝条和夏枯草的基部越冬，也能以成蚜和若蚜在保护地中越冬。翌年春季，当5日平均气温达6℃以上时越冬卵开始孵化，在越冬寄主上繁殖2～3代后，于4月底产生有翅蚜迁飞到寄主作物上繁殖为害。棉蚜最适繁殖温度为16～22℃，每头雌虫可产若蚜60多头。春、秋季10余天完成一代，夏季4～5天一代。高温高湿条件和受雨水冲刷时，不利于棉蚜生长发育，为害程度减轻。当相对湿度超过75%时，棉蚜的发育和繁殖受抑制。干旱少雨年份发生重。

　　通常以初夏和初秋发生密度最大，成虫和若虫大多群聚在草莓嫩叶叶柄、叶背、嫩心、花序和花蕾为害，吸取汁液，造成嫩芽萎缩，嫩叶皱缩卷曲、畸形，不能正常展叶。蚜虫在吸取汁液的同时，不断分泌蜜露，诱发煤污病，污染果实和影响光合作用。

■ 防治要点

　　①蚜虫天敌较多，有瓢虫、草蛉、食蚜蝇、寄生蜂等，应尽量少用广谱性农药，以保护天敌。②及时清洁田园，摘除草莓老叶，清除杂草。保护地中发现冬季有越冬蚜时，应及时防治。③利用黄板诱蚜或银灰色膜避蚜，以减轻为害。④药剂防治。在蚜虫始盛期（点片为害），选用50克/升英威（双丙环虫酯）可分散液剂1500倍液，或22%特福力（氟啶虫胺腈）悬浮剂1500倍液，或10%倍内威（溴氰虫酰胺）可分散油悬浮剂1500倍，或10%隆施（氟啶虫酰胺）水分散粒剂1500倍液，或22%阿立卡（噻虫·高氯氟）微囊悬浮—悬浮剂6000倍液，或25%阿克泰（噻虫嗪）水分散粒剂8000倍液，或25%吡蚜酮可湿性粉剂1000～1500倍液，或20%呋虫胺可溶性粒剂3000倍液，或10%吡虫啉可湿性粉剂1000倍液，或10%啶虫脒微乳剂2000倍液等，喷雾防治，重点喷施草莓嫩叶嫩心、花序、花蕾和叶片背面。

专家提醒

棚室内放蜂授粉，可有效提高草莓产量和品质。然而，新烟碱类杀虫剂对蜜蜂有剧毒。蜜蜂在传粉过程中，如接触此类农药，不仅会对蜜蜂个体造成毒害，而且蜜蜂采集归巢后会污染整个蜂群，并通过

■ 蜜蜂传播花粉

减少蜜蜂分泌蜂王浆中的乙酰胆碱妨碍幼蜂的正常生长发育，致使蜂群逐渐衰退甚至崩溃。因此，开始放蜂授粉后，应停止使用

■ 黄板误杀蜜蜂

新烟碱类杀虫剂，在养蜂场周边也务必慎用新烟碱类杀虫剂，目前市场上常见的新烟碱类杀虫剂有：吡虫啉、啶虫脒、烯啶虫胺、氯噻啉、噻虫啉、噻虫嗪、噻虫胺、呋虫胺等。

此外，当棚室开始放蜂传粉时，应停止使用粘虫板，以防误杀蜜蜂。

蓟 马

蓟马是一种锉吸式口器的小型昆虫，属缨翅目蓟马科。据报道，国内为害果蔬的蓟马多达40余种，其中有8～10种可造成不同程度的为害。目前在草莓上以棕榈蓟马（*Thrips palmi* Karny）和花蓟马［*Frankliniella intonsa* (Trybom)］为主。蓟马寄主作物十分广泛，能为害瓜类、茄果类、豆类和十字花科等多种果蔬作物。蓟马一般体长1～2毫米，细长而略扁；体色为深浅不同的黄色、棕色至黑色；前后翅均狭长，边缘密生缨毛。蓟马属过渐变态昆虫，生长发育经历卵、若虫、预蛹、蛹和成虫5个阶段。现以棕榈蓟马为例介绍如下。

■ 形态特征

成虫 雌虫体长1.0～1.1毫米，雄虫体长0.8～0.9毫米，体色金黄色。头部近方形，触角7节，单眼3只，红色，呈三角形排列，单眼间鬃位于单眼连线的外缘。翅2对，翅周围有细长的缘毛，前翅上脉鬃10根，下脉鬃11根。腹部偏长。

卵 长约0.2毫米，长椭圆形，位于幼嫩组织内，可见白色针点状产卵痕。初产时卵白色、透明。卵孵化后，产卵

蓟马为害草莓花

草莓叶片受害，缩小变厚，叶脉间有连接成片的灰色斑点

痕为黄褐色。

若虫　初孵若虫极微细，体白色，复眼红色。1~2龄若虫淡黄色，无翅芽，无单眼，有1对红色复眼，爬行迅速。

预蛹　体淡黄白色，无单眼，长出翅芽，长度到达3~4腹节，触角向前伸展。

蛹　体黄色，单眼3个，翅芽较长，伸达腹部的3/5，触角沿身体向后伸展，不取食。

■ 发生特点

浙江及长江中下游地区蓟马年发生10~12代，世代重叠严重。多以成虫在茄科、豆科、杂草等上或在土缝下、枯枝落叶中越冬，少数以若虫越冬。棕榈蓟马成虫具有较强的趋蓝性、趋嫩性和迁飞性，爬行敏捷、善跳、怕光。平均每头雌虫可产卵50粒，卵多散产于生长点及幼瓜的茸毛内。棕榈蓟马可营两性生殖和孤雌生殖。初孵若虫群集为害，1～2龄多在植株幼嫩部位取食和活动，预蛹自落地入土发育为成虫。棕榈蓟马若虫最适宜发育温度为25～30℃，土壤相对湿度20%左右。卵历期5～6天，若虫期9～12天。棕榈蓟马主要以成虫和若虫锉吸植株心叶、嫩梢、嫩芽、花和幼果的汁液，被害植株嫩叶、嫩梢变硬缩小，生长缓慢，节间缩短；幼果受害后表面产生黄褐色斑纹或锈皮，茸毛变黑，甚至畸形或落果。浙江

草莓果实受害，果表呈麻皮状

受害果实暗色，发僵

及长江中下游地区常年越冬代成虫在5月上中旬始见，6～7月数量上升，8～9月为为害高峰期，在夏、秋高温季节发生严重。

■ 防治要点

①农业防治。秋冬季清洁菜园，消灭越冬虫源。加强肥水管理，使植

株生长健壮，可减轻为害。采用营养钵育苗、地膜覆盖栽培等。②蓝板诱杀。成虫盛发期内，在田间设置蓝板，每亩设置蓝板25～30块，有效诱杀成虫。③药剂防治。根据棕榈蓟马繁殖速度快、易成灾的特点，应注意在发生早期施药。当每株虫口达3～5头时，立即喷施。开始隔5天喷药2次，以压低虫口数量，以后视虫情隔7～10天喷药2～3次。药剂可选用60克/升艾绿士（乙基多杀菌素）悬浮剂1500倍液，或10%倍内威（溴氰虫酰胺）可分散油悬浮剂1500倍液，或22%特福力（氟啶虫胺腈）悬浮剂1500倍液，或10%隆施（氟啶虫酰胺）水分散粒剂1500倍液等喷雾防治。

专家提醒

采用新型水雾机施药可有效提高作业效率和防治效果。

■ 新型水雾机作业

朱砂叶螨

学名 *Tetranychus cinnabarinus*（Boisduval）

别名 红蜘蛛、红叶螨

朱砂叶螨属蛛形纲真螨目叶螨科，是保护地草莓的重要害虫，在全国各地分布广泛。其食性杂，寄主有100多种植物。朱砂叶螨以成螨、若螨在叶背刺吸植物汁液，发生量大时叶片灰白，生长停滞，并在植株上结成丝网。严重发生时可导致叶片枯焦脱落，如火烧状。

形态特征

成螨 雌螨体长约0.48毫米，宽约0.31毫米，椭圆形，深红色至锈红色；体两侧背面各有1个黑褐色长斑，有时长斑合成前后2个；足4对，无

朱砂叶螨在草莓叶片背面群集为害

爪，足和体背有长毛。雄螨体小，长约0.36毫米，宽约0.2毫米，体红色或橙红色，头胸部前端近圆形，腹部末端稍尖，阳具弯向背面、端部膨大，形成端锤。

卵 卵为圆球形，直径0.13毫米，有光泽，初产时无色透明，后渐转变为淡黄色和深黄色，最后呈微红色。

幼螨 初孵时近圆形，色泽透明，长约0.15毫米，足3对。取食后体色变暗绿。

若螨 体长约0.21毫米，足4对。体形及体色似成螨，体侧出现明显的块状色斑，但个体较小。有前若螨期和后若螨期。

■ 发生特点

年发生代数随地区和气候差异而不同，长江中下游地区年发生18～20代。保护地苗圃是朱砂叶螨的重要越冬场所，越冬虫态随地区不同而异，长江流域主要以雌成螨和卵在寄主作物枯枝落叶、杂草根部和土缝中越冬。

朱砂叶螨的发育起点温度为7.7～8.5℃，翌年春季气温上升到10℃以上，越冬雌成螨开始活动和繁衍。朱砂叶螨以两性生殖为主，

草莓朱砂叶螨为害状

也有孤雌生殖现象。其产卵前期1天，每头雌虫可产卵50～110粒。卵多产在叶片背面，受精卵为雌虫，不受精卵为雄虫。卵的发育历期在24℃为3～4天，29℃为2～3天；幼若期在6～7月为5～6天。环境条件适宜时完成一代所需时间为7～9天。幼螨和前期若螨不甚活动。后期若螨则活泼贪食，有向上爬的习性，先为害下部叶片，而后向上蔓延。繁殖数量过多时，常在叶端群集成团，滚落地面，被风刮走，向四周爬行扩散。

朱砂叶螨的最适温度为25～30℃，最适相对湿度为35%～55%。因此，高温低湿的6～7月为害重，尤其干旱年份易于发生。温度达30℃以上和相对湿度超过70%时，不利于其繁殖，暴雨对其有抑制作用。植株叶片愈老，含氮越高，朱砂叶螨也随之增多，故合理施用氮肥，能减轻为害；粗放管理或植株长势衰弱，为害加重。

防治要点

①及时铲除周围杂草，清除园内枯叶、病残株以及越冬寄主杂草。②草莓育苗期间，及时摘除有虫叶、老叶和枯黄叶，并集中销毁，减少虫源。③药剂防治。在草莓开花前，当每叶螨量达2～3头时，可选用20%金满枝（丁氟螨酯）悬浮剂2000倍液，或43%爱卡螨（联苯肼酯）悬浮剂3000倍液，或110克/升来福禄（乙螨唑）悬浮剂3000倍液，或240克/升螨危（螺螨酯）悬浮剂4000倍液，或95克/升螨即死（喹螨醚）乳油2000～3000倍液，或30%宝卓（乙唑螨腈）悬浮剂3000倍液，或30%满肃静（腈吡螨酯）悬浮剂2000倍液等喷雾防治。

专家提醒

　　朱砂叶螨始发期，第一次挑治用药，7天后第二次普遍用药防治，连续防治3次，每隔7天一次。在使用药剂时不要随意提高用药浓度。

二斑叶螨

学名 *Tetranychus urticae* Koch

别名 黄蜘蛛

二斑叶螨属蛛形纲真螨目叶螨科，是保护地栽培草莓的重要害虫，全国各地分布广泛，为害草莓、瓜果等多种植物。其主要在叶片背面刺吸汁液，为害初期叶片正面出现针眼般枯白小点，以后逐渐增多，导致整个叶片枯白。

形态特征

成虫 雌螨体长0.5毫米左右，宽约0.32毫米，椭圆形，夏秋活动时

草莓二斑叶螨

常为砖红色或黄绿色，深秋多为橙红色，滞育越冬时体色变为橙黄色。雄螨体长0.4毫米左右，宽约0.22毫米，比雌螨小，近菱形，淡黄色或淡黄绿色，活动敏捷。

卵　直径0.12毫米，球形，有光泽，初产时乳白色半透明，后转黄色，临孵化前出现2个红色眼点。

幼螨　半球形，淡黄色或黄绿色，足3对。

若螨　椭圆形，足4对，静止期绿色或墨绿色。

发生特点

每年发生20代以上，为害草莓的一般只有3～4代。以雌螨滞育越冬。翌年春季气温上升达5～6℃时，越冬雌螨开始活动，7～8℃时开始产卵繁殖。每头雌螨可产卵50～110粒。随着气温升高，繁殖加快。以两性生殖为主，也可孤雌生殖，世代重叠。露地草莓以5月下旬至7月

草莓二斑叶螨为害状

为二斑叶螨猖獗为害期，喜群集叶背主脉附近并吐丝结网于网下为害，以吐丝下垂和借助风扩散传播，11月陆续进入越冬。保护地内由于温度适宜，二斑叶螨可不断取食和繁殖。

防治要点

参照"朱砂叶螨"防治要点。螺螨酯（如240克/升螨危悬浮剂等）对二斑叶螨（黄蜘蛛）无效。

侧多食跗线螨

学名 *Polyphagotarsonemus latus*（Banks）

别名 白蜘蛛、茶半跗线螨、茶黄螨等

侧多食跗线螨属蛛形纲真螨目跗线螨科，已成为保护地栽培草莓的重要害虫，全国各地均有发生。侧多食跗线螨食性杂，寄生植物广。其以成螨、若螨集中在植物幼嫩部位刺吸汁液，受害叶片呈灰褐色或黄褐色，有油浸状或油质状光泽，叶缘向背反卷、畸形。

形态特征

成虫 雌螨体长0.21毫米，椭圆形，较宽阔，腹部末端平截，背部有1条白色纵带，有4对短足；雄螨体长约0.19毫米，近菱形，末端为圆锥形，淡黄色或橙黄色，半透明有光泽。

卵 直径约0.1毫米，椭圆形，无色透明，表面有纵向排列的5~6行白色小疣，每行6~8个。

幼螨 倒卵形，体长0.11毫米，乳白色。头胸部和成螨相似，背部有1条白色纵带。腹部明显分为3节，近若螨阶段分节消失。腹部末端呈圆锥形，具有1对刚毛。有3对足。

若螨 长椭圆形，体长0.15毫米，是一个静止的生长发育阶段，首尾呈锥形，体白色、半透明。

发生特点

每年发生25~30代，以雌成螨在土缝、草莓及杂草根际越冬。在保护地内可常年为害和繁殖，但12月以后虫口明显减少。侧多食跗线螨靠爬行、风力和人为携带传播。前期螨量较少，有明显的发虫中心，5~10月

侧多食跗线螨为害状

虫口大量发生为害。卵散产在幼嫩的叶背或幼芽上，若螨期2～3天。成螨敏捷，雄螨更为活泼，有携带雌若螨向植株幼嫩部位转移的习性。每头雌螨产卵百余粒，以两性生殖为主，也能孤雌生殖。成螨繁殖速度很快，18～20℃时7～10天繁殖一代，在20～30℃的条件下4～5天可繁殖一代。繁殖最适温度为22～28℃，相对湿度80%～90%。温暖多湿环境有利于侧多食跗线螨的生长发育，为害较重。

■ 防治要点

参照"朱砂叶螨"防治要点。

小地老虎

学名 *Agrotis ypsilon*（Rottemberg）

别名 黑地蚕、切根虫、土蚕

小地老虎属鳞翅目夜蛾科，是迁飞性害虫，在全国各地都有分布。小地老虎食性杂，为害多种作物的幼苗或幼嫩组织，在草莓上主要以幼虫为害近地面茎顶端的嫩心、嫩叶柄、幼叶、幼嫩花序及成熟浆果。

■ 形态特征

成虫 体长16～23毫米，翅展40～45毫米。头部与胸部黑灰褐色，有黑斑。腹部灰褐色，基线和内线均为黑色双线，呈波浪形。颈板基、中部各有1条黑横纹。前翅棕褐色，沿前缘较黑。中室附近有1个环形斑和1个肾形斑，肾形斑外侧有1个明显的黑色三角形斑纹，尖端向外。亚外缘线内有2个尖端，向内有黑色三角斑纹。后翅灰白色，锯齿形。雄蛾触角为羽毛状，雌蛾触角为丝状。

卵 卵散产，扁球形，顶部稍隆起，底部较平，表面有网状花纹，直径0.4毫米左右，初产时为乳白色，孵化前为灰褐色。

幼虫 幼虫共6龄。

小地老虎幼虫

老熟幼虫体长37~42毫米，体表粗糙，布满黑色颗粒状斑点，虫体近圆筒形，体色为灰褐色和黑褐色。

蛹 蛹长18~24毫米，黄褐色至赤褐色，有光泽。

■ 发生特点

小地老虎在浙江及长江流域地区年发生4~6代，春季第一代幼虫对草莓为害重。

成虫昼伏夜出，有趋光性和趋化性，对黑光灯趋性一般，对糖醋酒混合液趋性较强。越冬代成虫常年在2月中下旬羽化，3月中下旬进入成虫羽化高峰。成虫寿命7~20天，在夜间气温10~16℃、相对湿度90%以上的20：00~22：00最为活跃，取食、补充营养和交尾，喜欢在近地面的作物幼苗叶背和杂草等植物叶片以及有机质丰富、残留枯草或草根的土表产卵。每头雌蛾可产卵1000粒左右，多的可达3000粒。幼虫食性很杂，3龄以前幼虫取食草莓嫩尖、叶片等部分，但为害不明显；3龄以上幼虫进入为害盛期，对新鲜嫩叶有嗜好和趋性，白天躲在离土表2~7厘米的土层中，夜间活动取食嫩芽或嫩叶，常咬断草莓幼苗嫩茎，也吃浆果和叶片。4月下旬和5月上旬是高龄幼虫盛发期，也是草莓受害高峰。幼虫有假死性和自残性，受惊动即卷缩成环状。食料缺乏时，幼虫可迁移为害。幼虫老熟后入土筑室化蛹。

适宜小地老虎生长发育的温度范围为8~32℃，最适环境温度为15~25℃，相对湿度为80%~90%。当月平均温度超过25℃时，不利于该虫生长发育，羽化成虫迁飞异地繁殖。小地老虎的卵发育起点温度为8.5℃，幼虫发育起点温度为11.0℃，蛹发育起点温度为10.2℃。

■ 防治要点

①清除园内外杂草，并集中销毁，以消灭成虫和幼虫；栽前翻耕整地，栽后在春、夏季多次中耕、细耙，消灭表土层幼虫和卵块；发现有缺叶、

断苗现象，立即在草莓苗附近找出幼虫，并将其消灭。②选定草莓育苗地后，冬季全面灌水淹田，早春开沟排水后再做苗床，可有效减轻育苗期地下害虫为害。③药剂防治。在1～2龄幼虫盛发高峰期，选用1.5%安绿丰（精高效氯氟氰菊酯）微囊悬浮剂1500倍液，或50克/升百事达（顺式氯氰菊酯）乳油2000倍液，或14%福奇（氯虫·高氯氟）微囊悬浮—悬浮剂2000倍液等喷淋草莓近根际及周边地表。还可每亩用0.4%科得拉（氯虫苯甲酰胺）颗粒剂1.5千克等地面撒施，或在近根际进行条施或点施。

专家提醒

　　根据农业部第2032号公告，自2016年12月31日起，全面禁止毒死蜱和三唑磷在瓜果蔬菜上使用。

　　根据《食品安全国家标准　食品中农药最大残留限量》（GB 2763—2016）规定，辛硫磷在草莓上的最大残留限量为0.05毫克/千克，在草莓采收期慎用辛硫磷及其复配制剂，严防农药残留超标。

蝼 蛄

学名 华北蝼蛄 *Gryllotalpa unispina* Saussure

东方蝼蛄 *Gryllotalpa orientalis* Burmeister

别名 拉拉蛄、地拉蛄

蝼蛄属直翅目蝼蛄科，是一种多食性害虫。其成虫和若虫都在土中咬食种子和幼芽、嫩根，为害草莓主要是把幼根和根茎咬断，使植株凋萎死亡。在我国为害较重的是华北蝼蛄和东方蝼蛄。

形态特征

成虫 东方蝼蛄体长30～35毫米，灰褐色，腹部近纺锤形，前足腿节

华北蝼蛄成虫

内侧外缘较直、缺刻不明显,前胸背板心形凹陷明显,后足胫节背面内侧有刺3～4根。华北蝼蛄体型比东方蝼蛄大,体长39～66毫米,黄褐色,腹部近圆形,前足腿节内侧弯曲、缺刻明显,前胸背板心形凹陷不明显,后足胫节背面内侧有刺仅1根或无。

卵 东方蝼蛄卵初产时长2.8毫米,孵化前长4毫米,椭圆形,初产乳白色,后变黄褐色,孵化前暗紫色。华北蝼蛄孵化前卵长2.4～3.0毫米,椭圆形,黄白色至黄褐色。

若虫 东方蝼蛄若虫共8～9龄,末龄若虫体长25毫米,体形与成虫相近。华北蝼蛄若虫共13龄,5龄若虫体色、体形与成虫相似,末龄若虫体长35～40毫米。

蝼蛄若虫

发生特点

东方蝼蛄1年发生1代，而华北蝼蛄生活史较长，大约要3年左右完成1代。两种蝼蛄均以成虫或者若虫在土壤深处越冬，其深度在冻土层以下和地下水位以上。翌年春季3月下旬土温达到8℃以上开始活动，为害保护地内果菜等作物；4月上中旬进入土表层挖掘许多隧道取食为害；5～6月气温最适宜蝼蛄为害露地果菜；6月下旬至8月上旬为蝼蛄越夏产卵期；到9月上旬以后，大批若虫和新羽化的成虫从地下土层转移到地表活动，形成秋季为害高峰；10月中旬以后，随着气温下降转冷，蝼蛄陆续入土越冬。

蝼蛄的发生与环境条件关系密切，东方蝼蛄喜在潮湿地方产卵，多集中在沿河、池塘、沟渠附近的地块，每头雌虫可产卵30～80粒；华北蝼蛄则喜在盐碱地内，靠近地埂、畦堰或松软的土壤中产卵，每头雌虫可产120～160粒，最多可达500粒。特别是土质为砂壤土或疏松壤土，质地松软、多腐殖质的地区，最适于蝼蛄生活繁殖。黏重土壤不适于蝼蛄栖息和活动，发生量少。

两种蝼蛄成虫都有趋光性，对半煮熟的谷子、炒香的麦麸、豆饼及有机肥有趋性。蝼蛄昼伏夜出，以夜间21：00～23：00活动最盛，一般灌水后田块最多，因此可利用这一特点，提高防治效果。蝼蛄活动的适温为12.5～19.8℃，土壤含水量在20%以上，土壤干旱及含水量低均不适宜蝼蛄活动。

防治要点

在蝼蛄为害始盛期，每亩用1%家保福（联苯·噻虫胺）颗粒剂5千克，或0.5%根卫（噻虫胺）颗粒剂5千克，或0.4%科得拉（氯虫苯甲酰胺）颗粒剂1.5千克等在草莓植株近根际地面撒施。其他防治要点参照"小地老虎"。

蛴 螬

别名　地蚕、白地蚕、土白蚕

蛴螬是鞘翅目金龟甲总科幼虫的总称，在浙江及长江中下游地区为害较重的有4～5种，其中以铜绿丽金龟（*Anomala corpulenta* Motschulsky）和黑绒金龟（*Serica orientalis* Motschulsky）为优势种。除为害草莓外，还为害粮食作物、蔬菜、油料、芋、棉、牧草以及花卉和果树、园林植物等多种植物刚播下的种子及幼苗。

■ 形态特征

以铜绿丽金龟为例。

成虫　体长18～21毫米，宽8～12毫米，铜绿色，小盾片近半圆形，鞘翅长椭圆形，全身具有金属光泽。

蛴螬低龄幼虫

卵　初产时长椭圆形，长约1.8毫米，宽约1.4毫米，后期为圆形，乳白色，孵化时为近黄白色。

幼虫　体肥大，弯曲成近"C"字形。老熟幼虫体长30～40毫米，多为白色至乳白色，体壁较柔软、多皱，体表疏生细毛。头大而圆，多为黄褐色或红褐色，生有左右对称的刚毛。胸足3对，一般后足较长。腹部10节，臀节上生有刺毛。

蛴螬高龄幼虫

蛹　体长约20毫米，宽约10毫米，初期白色，而后渐转变为淡黄色，体略向腹面弯曲，羽化前头部色泽变深、复眼变黑。

发生特点

蛴螬年发生代数因种因地而异，一般年发生1代，或2～3年1代，最长的有5～6年1代。蛴螬共3龄，1～2龄虫期较短，约25天；3龄期最长，可达280天左右。以3龄幼虫和成虫（即金龟子）在土中越冬。浙江及长江中下游地区6月上中旬为越冬代成虫发生盛期，6月中旬至7月上旬为发生高峰期，6月下旬开始产卵，7月为幼虫孵化盛期，幼虫在土壤中生活4～5个月，进入3龄以上越冬。至翌年4月，越冬幼虫又继续取食为害，形成春、秋两季为害高峰。

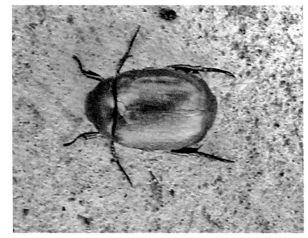

铜绿丽金龟

成虫昼伏夜出，午夜以后相继入土潜伏。成虫有假死性，对未腐熟厩肥有强烈趋性，对黑光灯有较强趋光性，喜食害果树、林木的叶和花器等。适宜成虫活动的气温为25℃以上，相对湿度为70%～80%。在闷热无雨、无风的夜间活动最盛，低温和雨天活动较少。成虫有群集取食和交尾习性。成虫羽化后不久即可交尾产卵，每头雌虫平均可产卵40粒左右，卵期10天左右。老熟幼虫在土表下20～30厘米处做土室，预蛹期13天，蛹期9天。

蛴螬终生栖居土中，喜食刚刚播下的种子、根、块根、块茎以及幼苗等，造成缺苗断垄。一般在30～40厘米深土层中越冬，一年中活动最适的土温平均为13～18℃，高于23℃或低于10℃逐渐向土下转移。

■ 防治要点

参照"蝼蛄"防治要点。

蜗 牛

别名 蜒蚰螺、水牛

蜗牛属软体动物门腹足纲柄眼目蜗牛科。其种类很多，食性极杂，寄主多，在浙江及长江以南地区以同型巴蜗牛（*Bradybaena similaris* Férussac）和灰巴蜗牛（*Bradybaena ravide* Benson）为优势种。除为害草莓外，蜗牛还为害果树、蔬菜等。

形态特征

以同型巴蜗牛为例。

成贝 体长30～36毫米，壳质坚厚，呈扁球形，有5～6个螺层，螺层周缘或缝合线上常有一暗色带，缝合线深。壳顶钝，壳面呈黄褐色或红褐色，有稠密而细微的生长线。壳口呈马蹄形，口缘锋利。头部有长、短2对触角，眼在后触角顶端。足在身体腹部，适宜爬行。

灰巴蜗牛成贝形态与同型巴蜗牛相似，主要区别是灰巴蜗牛成贝蜗壳圆球形，较宽大，壳顶尖，壳高19毫米、宽21毫米，壳口呈椭圆形。

幼贝 形态和颜色与成贝相

蜗牛为害草莓叶片

似，体形较小，贝壳螺层多在4层以下。

卵 圆球形，直径约1.5毫米，初产时乳白色，有光泽，孵化前为灰黄色。灰巴蜗牛幼贝及卵与同型巴蜗牛相似。

发生特点

蜗牛为害草莓成熟果实

蜗牛为害状

同型巴蜗牛常与灰巴蜗牛混合发生，年发生1代。11月中下旬以成贝或幼贝在田间的作物根部、草丛、田埂、石缝、残枝落叶以及宅前屋后的潮湿阴暗处越冬。保护地内2月中下旬，露地3月上中旬开始活动。

蜗牛夜出活动，白天潜伏在落叶、土块中，避日光照射。成贝寿命5～10月，完成一个世代需1～1.5年。成贝大多数在4～5月交配产卵，幼贝在8～9月交配产卵，卵产在植株根部附近2～4厘米深的疏松潮湿土中或枯叶砖石块下，每成贝产卵50～100粒。初孵幼贝只取食叶肉，留下表皮，爬行时留下移动线路的黏液痕迹。

成贝、幼贝喜栖息在植株茂密、低洼潮湿处，温暖多湿天气及田间潮湿地块受害重。遇有高温干燥条件，蜗牛常把壳口封住，潜伏在潮湿的土缝中或茎叶下，待条件适宜时，如下雨或灌溉后，在傍晚或清晨取食；遇有阴雨天，多数整天栖息在植株上。除喜欢为害草莓叶片外，其还可为害将成熟果实，取食后从果面向内形成黄豆般大小的空洞。

防治要点

①清除园地周围的杂草、砖石块，开沟排水，及时中耕和换茬，破坏蜗牛的栖息和产卵场所。②根据蜗牛的取食习性，在田间堆集菜叶和其喜食的诱饵，于清晨人工捕杀蜗牛。③在沟渠边、苗床周围和垄间撒石灰封锁带，每亩用生石灰5～7.5千克，保苗效果良好。④药剂防治。每亩选用6%密达（四聚乙醛）颗粒剂0.5千克，或5%甲萘威颗粒剂0.5千克，或6%聚醛·甲萘威颗粒剂0.5千克等，条施或点施于植株近根际土表。

杀蜗颗粒剂宜重点撒施于根标处

学名 *Agriolimax agrestis*（Linnaeus）

别名 鼻涕虫、蛐蜒虫

野蛞蝓属软体动物门腹足纲柄眼目蛞蝓科，主要分布在我国中南部及长江流域地区。除草莓外，其还为害蔬菜、果树、花卉等多种植物。

形态特征

成虫 长梭形，柔软，光滑而无外壳。体表暗黑色或暗灰色，黄白色或灰红色，有的有不明显暗带或斑点。爬行时体长可达30毫米以上，腹面

野蛞蝓

具爬行足，爬过的地方留有白色具有光亮的黏液。触角2对，位于头前端，能伸缩，其中短的一对为前触角，有感觉作用；长的一对为后触角，端部有眼。生殖孔在右侧前触角基部后约3毫米处。呼吸孔在体右侧前方，其上有细小的色线环绕。口腔内有角质齿舌。体背前具外套膜，为体长的1/3，边缘卷起，其内有退化的贝壳（即盾板），上有明显同心圆线，即生长线，同心圆线中心在外套膜后端偏右。

卵　椭圆形，韧而富有弹性，直径约2.5毫米，白色透明，近孵化时色变深。

若虫　初孵幼虫体长2～3毫米，淡褐色，似成虫。

发生特点

野蛞蝓以成体或幼体在作物根部湿土下越冬。5～7月间在田间大量为害，入夏气温升高，活动减弱，秋季气温凉爽后又活动为害。完成一个世代约250天。5～7月产卵，卵期16～17天。从孵化到成贝性成熟约55天，成贝产卵期可长达160天。野蛞蝓雌雄同体，可异体受精，也可同体受精繁殖。卵产于湿度大，有隐蔽的土缝中，每隔1～2天产1次，每次1～32粒。每处产卵10粒左右，平均产卵量为400余粒。野蛞蝓怕光，强日照下2～3小时即死亡。喜在黄昏后或阴天外出寻食，晚上22：00～23：00达高峰，清晨之前又陆续潜入土中或隐蔽处。耐饥力强。阴暗潮湿的环境易于大发生，气温为11.5～18.5℃、土壤含水量为70%～80%时对其生长发育最为有利。

防治要点

参照"蜗牛"防治要点。

附　录

一、草莓科学育苗技术要点

1. 育苗园地选择

选择土壤疏松肥沃，有机质丰富，无病虫害，避风向阳，排灌交通便利，远离草莓生产田的地块作为草莓育苗圃（前茬种植水稻的山区田块育苗最佳）。苗地选定好后，冬季翻耕冻土，避免苗期地下害虫为害。连作或轮作的旱地一般不适宜作草莓育苗圃。

2. 开沟筑畦做苗床

做苗床前，翻耕整地，并在园地四周和苗地中间开一条十字形和环四周排灌沟，沟深应在50厘米以上，既能排涝，又能抗旱灌溉。苗床支沟与排灌沟相连，苗床支沟深30厘米、宽35厘米，做到雨停沟干。苗床宽1.2～1.5米，便于平时操作管理。苗床要求中间高两边低，呈"公路形"。苗床不能积水，长度可根据田块而定。

3. 定植前封草处理

苗床封草可亩用450克/升田普微胶囊悬浮剂120～150毫升或50%丁草胺乳油75～100毫升等兑水45升喷雾苗床，封杀杂草。如畦面干燥，待下雨后立即使用。如苗床已有小草时，可加20%敌草快水剂50～70毫升（防除阔叶杂草）和5%精禾草克乳油100毫升或108克/升高效盖草能乳油60毫升（防除禾本科杂草）兑水45升进行封杀，间隔5～7天后开始草莓母株移栽。

4. 栽植育苗母株

选择脱毒组培一代苗或无病虫害的自然越冬专用育苗母株。母株的栽植时间一般在早春3月上旬至4月上旬，可在每苗床中间栽1行或两边各栽1行母株，株距60～80厘米，亩定植1200～1500株。繁苗系数低的品种可适当增加母株数。栽植时把母株放入穴中央，舒展根系，培土深度为使其茎基部与苗床面齐平，做到"浅不露根、深不埋心"。种植后要及时浇透水。为促进母株新根生长，可选用艾格富（海竹藻植物生长活性剂）300～500倍液+1.8%爱多收（复硝酚钠）水剂3000倍液浇根1～2次。

5. 苗圃繁育管理

（1）母株移植成活后，要及时摘除花序和掰除老叶、病叶、病茎、病株，既可减少母株营养消耗，同时使得苗地通风透光，降低病虫为害。掰除的病株、老叶和病叶等要及时带出苗地，集中销毁。

（2）肥水管理。4～6月是草莓繁殖子苗的关键季节。随着母株抽生匍匐茎的数量不断增多，母株所需的营养随之加大，因此每7～10天追肥浇施1次，可用高氮低磷型配方肥5～10千克不等，做到薄肥勤施。苗势偏弱时，可选用1.8%爱多收（复硝酚钠）水剂3000倍液加绿力倍健750倍液（或艾格富300～500倍液）进行叶面喷施，每7～10天1次，连喷2～3次。同时，要经常保持苗地湿润。对土壤较板结的苗地要及时松土，在松土时必须注意不能拔动子苗，如拔动子苗后应及时培土定植。

（3）苗地除草。育苗前期可采取覆盖法进行化学除草。防除阔叶杂草，亩用160克/升甜多收（甜菜安·宁）乳油100毫升。防除禾本科杂草，每亩用5%精禾草克乳油100毫升，兑水45升，对准杂草进行细喷雾。

（4）引压及疏理匍匐茎。母株抽生匍匐茎时要及时疏导和引压，向有生长空间的苗床引导。当匍匐茎抽生幼苗时，前端用少量土块压向地面，露出生长点，促进幼苗发根。当子苗基本布满苗床时，采取摘心办法及时除掉多余和细弱的匍匐茎，控制生长数量。一般每棵母株30～50株子苗，母株上抽发的多余细小子苗在匍匐茎着地之前摘除。

（5）适时控苗。当子苗长势太旺、太嫩和细长时，或者亩繁苗量达到3万～5万株时，及时喷施植物生长抑制剂，控制草莓苗长势，促使子苗健壮。药剂可选用75%拿敌稳水分散粒剂3000倍液，或35%露娜润悬浮剂

6000倍液，或430克/升戊唑醇悬浮剂4000倍液，或12.5%烯唑醇可湿性粉剂2000倍液，或15%多效唑可湿性粉剂1200倍液等，使草莓苗植株矮壮、叶片增大、叶片浓绿、叶肉增厚、匍匐茎由青红色转变为红色或紫红色。根据不同药剂的控苗时间长短，灵活掌握，一般间隔为12～20天。待草莓苗重新抽出新叶后，再次重复使用。同时要适时掰叶，掰叶应选择晴天天气进行，视苗势和起苗时间采取重掰叶或轻掰叶，抑制秧苗营养生长，提高田间通风透光条件。8月中旬后停止使用三唑类药剂，开始"放苗"。

6. 科学防控病虫

草莓育苗期主要病虫有炭疽病、白粉病、叶斑病、枯萎病、黄萎病和斜纹夜蛾、蚜虫、朱砂叶螨等。防治技术参见图书相关病虫介绍。

7. 草莓苗假植

假植是大棚草莓高产优质的重要措施。假植的作用：促发初生根和毛细根，促进根系发达和苗健壮，提高植株抗性；加快增粗草莓苗短缩茎，提高草莓苗整齐度；延长草莓移栽期，避开9月上旬高温期，提高草莓苗定植成活率；促进花芽提早分化，开花结果基本一致，提高草莓产量。

假植地应选择离草莓栽培园较近、无地下害虫和土传病害的地块，假植畦一般宽1.2米，沟深30厘米，无须施基肥。假植株行距为10厘米×10厘米。假植一般在草莓定植前1个月进行，选择无病虫害、具有2～3张展开叶并已扎根的子苗，在阴天或傍晚带土移植到假植畦上。假植时正是高温干旱期，必须用遮阳网遮阳保护，边移植边浇水。成活后拆去遮阳网，选用1.8%爱多收（复硝酚钠）水剂3000倍液加绿力倍健750倍液或艾格富（海竹藻植物生长活性剂）300～500倍液等浇施1～2次，促进根系生长，控制使用氮肥，并做好病虫防治。

8. 促进花芽分化

草莓苗花芽分化达到75%以上时才能定植，否则会推迟结果和采收。影响草莓花芽分化的条件为：

（1）温度与日照时数。草莓在日平均气温5℃以上、24℃以下，日照时数少于12小时，经过10～15天即可花芽分化。一般把12℃以下称为低温区，12～25℃称为中温区，25℃以上为高温区。在低温区，5℃以下花芽形成停止，5～12℃时花芽形成与日照长短无关。在中温区，日照长短能影响花芽形成，一般要求8～13.5小时日照。在25℃以上高温区，花芽不形成。

（2）植株体内氮素营养。一般而言，氮素营养状况好，生长茂盛的草莓苗花芽分化相对要迟。据分析，用联苯胺比色法测定，当叶柄汁液中的硝态氮浓度在300毫克/千克以下时，有利于花芽分化，而硝态氮含量高于300毫克/千克时，花芽分化有推迟倾向。同时，植株生长弱，营养不足，虽然有利于花芽分化，但却抑制花芽发育，开花期不一定早。因此，为促进花芽提前分化，要适当控制氮的吸收。花芽一旦完成分化，要合理施用磷钾肥，促进顶花芽发育，以达到早分化、早开花和早结果。

（3）植物激素。植物激素在草莓生产中常用的是赤霉素（GA）。赤霉素对花芽分化起抑制作用，但它可以促进花芽发育（10毫克/千克）、匍匐茎发生（5毫克/千克）和防止休眠（10毫克/千克）。多效唑等三唑类药剂在苗期生长期使用，会抑制草莓营养生长，但能促进花芽形成。

9. 草莓起苗移栽

草莓起苗前3天，彻底清理掰除老叶、病叶、病株，仔细防治炭疽病、白粉病、螨类等病虫害，避免将病虫害带入生产基地。起苗时宜采用专用的锄和铲把苗挖起，少伤根系，并由具有一定草莓种植经验的技术人员，掰除匍匐茎，剔除小苗、差苗和病苗等，按草莓苗等级标准分级后每50株或100株为一捆，系上品种标签，并防太阳直晒根系和保持适当湿度。如草莓苗需长途外运，必须用专用箱包装，专用车或冷藏车运输。

二、大棚草莓栽培技术要点

1. 草莓栽培与管理

（1）整地做畦。目前大棚保护地栽培一般畦连沟宽1~1.1米，畦面宽60~70厘米，沟底宽20~30厘米，沟深25~30厘米，畦面以南北向为佳，畦长因地制宜。为适宜休闲观光和方便生产操作，提倡深沟宽畦栽培，即畦连沟宽1.1~1.2米，畦面宽60~80厘米，沟底宽30~40厘米，沟深30~35厘米。做畦应在定植前15天完成，待种。

（2）畦面封草。做畦完成后，畦面喷施除草剂防除杂草。防除阔叶杂草，亩用450克/升田普微胶囊悬浮剂150~200毫升（或50%丁草胺乳油75~100毫升）加20%敌草快水剂50~70毫升；防除禾本科杂草，亩用108克/升高效盖草能乳油60毫升或5%精禾草克乳油100毫升，兑水45升进行畦面喷施。喷施时畦面土壤必须保持一定湿度。

（3）定植时间与密度。75%草莓苗花芽分化后为定植适期。在江浙一带为9月上中旬，山区和冷水区域可适当提前。定植时草莓苗一般要求短缩茎粗度在0.6厘米以上，苗大小基本一致，根系发达，无病虫害。宜选择傍晚或阴天时带土移植，每畦双行"△"定植，株距20~25厘米，每亩栽6000~8000株。定植后及时浇水，以后早晚各一次，直至成活。可喷施1.8%爱多收（复硝酚钠）水剂3000倍液加绿力倍健750倍液或艾格富（海竹藻植物生长活性剂）300~500倍液等。

（4）种植方向与深度。一般草莓花序从苗茎部弓背方向抽出，种植时草莓苗茎部弓背朝沟，使抽生花茎均朝沟面。种植深度是草莓苗成活的关键，要做到"深不埋心，浅不露根"。种植过浅，根茎外露，不易产生不定根，不易成活；种植过深，苗心被土埋后易造成"烂心"或"活苗不长"现象。

（5）植株整理和土肥管理。定植成活后，应及时疏松土壤，促发新根，摘除老叶、病叶和匍匐茎。草莓顶花序抽发前，保留1个顶芽；顶花序抽生后，选留2个方位好而粗壮的分蘖芽，掰除多余的分蘖芽。当草莓植株抽生2~3张新叶时，掰除所有老叶，并追肥1次，可选用45%三元素复合肥，亩用量15千克左右，以加快植株生长，使草莓植株在开花前叶片数达到5～6片正常叶；覆地膜前再次追肥，追肥时可同时喷施M100（营养转移调理剂）400～450倍，促进养分吸收，使开花结果时养分充足；草莓开花结果后应根据长势和结果等情况，施用水溶性液体配方肥＋绿力倍健750倍液，肥水一体化管理，一般10～15天追肥1次，每亩每次5升左右。适时进行根外追肥，补充中微量元素，提高产量和品质。

（6）覆盖大棚膜和地膜。设施保护地栽培中，当晚气温低于10～12℃时盖大棚膜保护。盖大棚膜前先做好裙膜，或间距10厘米做双层裙膜。盖大棚膜后及时覆盖地膜。当草莓植株生长旺盛时，也可先盖地膜。盖地膜前须疏松土壤，除杂草，清沟、整平畦面，铺设软管滴管等。地膜可选用宽幅150厘米双色（银灰和黑色）或150厘米、80厘米的单色黑膜。推广沟连畦全地膜覆盖、地膜上加盖白色清洁网、采摘园用地布覆盖沟底等模式。

（7）大棚温、湿度管理。大棚覆膜保温后，根据草莓不同物候期，保持大棚内适宜温度。一般草莓开花前，白天以25～30℃为适宜；开花至果实膨大期，白天20～25℃、夜间5℃以上为适宜；采收期保持白天温度不高于25℃、夜间3～5℃以上，大棚内湿度一般控制在50%左右。当夜间气温降至5℃以下时，增设内棚，或再增设小拱棚进行二层或三层膜保温。当遇降雪量大时，视情况及时扫除大棚上积雪，避免压塌大棚。

（8）疏花疏果。草莓设施保护地栽培1周期有3～4批花序，连续开花结果。单株草莓每批有2～3个花序，每个花序3～15朵花不等。一般每一花序留果3～5个，疏除高节次花蕾、花和小果。疏蕾疏花和疏果应分别在花蕾和幼果期进行，节约养分损耗，提高单果重和品质。

（9）喷施赤霉素和放养蜜蜂。根据不同草莓品种特性，须在现蕾期或生长期喷施赤霉素，以促进花茎生长，或打破休眠，促进植株生长。如丰香、阿玛奥、法兰蒂（甜查理）等品种，在现蕾期于花蕾和心叶喷施10毫克/千克的赤霉素，每株5毫克药液，每亩喷药液量40升；间隔7天后第二次喷5毫克/千克的赤霉素，每株5毫克药液，每亩喷药液量40升，促进花茎生长。

大棚覆膜后，大棚放养1箱蜜蜂，蜂箱口朝南，用白砂糖喂养。在冬季低温情况下，须提高棚温来增强蜜蜂活动能力，确保授粉，减少畸形果的发生。

2. 草莓的采收

长江中下游地区，草莓设施保护地栽培一般自11月中下旬开始采收，至第二年的4月下旬至5月上旬采收结束。一般鲜食草莓在成熟时采摘，但需外运草莓可在七成熟时采摘。硬果型品系都可在成熟时采摘，不影响贮运。加工用的果实，一般要求果实成熟以提高糖分和风味。加工整果罐头或冷冻保鲜果实，要求大小基本一致和八成熟采摘。草莓采摘、分级和包装时，应戴清洁手套、帽，穿工作服，用卫生清洁盆、箱或篮，轻摘轻放，剔除畸形和病虫等次果，按质量等级标准分等分级包装。

三、草莓连作地土壤消毒技术要点

土壤消毒是破解草莓连作（重茬）地的重要措施，可有效预防草莓枯萎病、黄萎病、菌核病、根结线虫病等多种土传病害以及地下害虫和杂草。具体技术要点如下：

1. 太阳能处理

材料准备：有机质肥、生石灰、农膜。

操作要点：清理田块，水稻等秸秆粉碎还田；亩施商品有机肥500～800千克或饼肥100千克＋生石灰50千克（酸性土壤），均匀撒施，旋耕，适量灌水；农膜密闭覆盖，利用夏、秋季高温和有机肥分解产生的热能量处理土壤；覆盖20天后揭膜，土壤自然干后施配方肥，开沟做畦。

注意事项：①适宜在6～8月高温季节处理。②处理期间有效日照必须10天以上，处理时间越长效果越好。

2. 棉隆或氰胺化钙（石灰氮）处理

材料准备：98%棉隆或70%氰胺化钙（石灰氮）和农膜。

操作要点：清理田块，施基肥；亩均匀撒施98%棉隆20～25千克，或70%氰胺化钙（石灰氮）40～50千克，旋耕，使药剂均匀拌入5～20厘米土壤中，保持土壤含水量在60%左右，农膜密闭覆盖7～10天；揭膜后，适量灌水再次翻耕，以促进药剂分解；土壤自然干后开沟做畦。

注意事项：①6～8月农膜覆盖7～10天以上。②处理结束，开沟做畦后间隔7～10天方可种植草莓，以免产生药害。

3. 生物质强化还原处理

材料准备：生物还原质（剂）、农膜。

操作要点：清理田块，水稻等秸秆粉碎还田；亩均匀撒施生物还原质（剂）1000千克，旋耕，与土壤充分混匀；适量灌水，农膜密闭覆盖15～30天后揭膜；土壤自然干后开沟做畦。

注意事项：①适宜4～10月，气温20℃以上时处理。②撒施均匀，与土壤充分混匀。③农膜四周用土压实，密封覆盖。④可代替有机质基肥。

四、草莓中农药最大残留限量标准

农药名称	主要用途	最大残留限量/（毫升/千克）	农药名称	主要用途	最大残留限量/（毫升/千克）
2,4-滴和2,4-滴钠盐	除草剂	0.1	甲磺隆	除草剂	0.01
胺苯磺隆	除草剂	0.01	氯磺隆	除草剂	0.01
百草枯	除草剂	0.01*	氯酰酸	除草剂	0.01*
吡氟禾草灵和精吡氟禾草灵	除草剂	0.3	氯酰酸甲酯	除草剂	0.01
草铵膦	除草剂	0.3	茅草枯	除草剂	0.01*
草枯醚	除草剂	0.01*	灭菌环	除草剂	0.05*
草芽畏	除草剂	0.01*	噻草酮	除草剂	3*
敌草快	除草剂	0.05	三氟硝草醚	除草剂	0.01*
氟除草醚	除草剂	0.01*	特乐酚	除草剂	0.01*

续 表

农药名称	主要用途	最大残留限量/(毫升/千克)	农药名称	主要用途	最大残留限量/(毫升/千克)
甜菜安	除草剂	0.05	毒死蜱	杀虫剂	0.3
甜菜宁	除草剂	0.1	对硫磷	杀虫剂	0.01
抑草蓬	除草剂	0.05*	二嗪磷	杀虫剂	0.1
茚草酮	除草剂	0.01*	二溴磷	杀虫剂	0.01*
戊硝酚	杀虫剂、除草剂	0.01*	氟吡呋喃酮	杀虫剂	1.5*
阿维菌素	杀虫剂	0.02	氟虫腈	杀虫剂	0.02
艾氏剂	杀虫剂	0.05	氟啶虫胺腈	杀虫剂	0.5*
巴毒磷	杀虫剂	0.02*	氟啶虫酰胺	杀虫剂	1.2
保棉磷	杀虫剂	1	氟酰脲	杀虫剂	0.5
倍硫磷	杀虫剂	0.05	庚烯磷	杀虫剂	0.01*
苯线磷	杀虫剂	0.02	甲氨基阿维菌素苯甲酸盐	杀虫剂	0.1
吡虫啉	杀虫剂	0.5	甲胺磷	杀虫剂	0.05
丙酯杀螨醇	杀虫剂	0.02*	甲拌磷	杀虫剂	0.01
草甘膦	杀虫剂	0.1	甲基对硫磷	杀虫剂	0.02
地虫硫磷	杀虫剂	0.01	甲基硫环磷	杀虫剂	0.03*
滴滴涕（DDT）	杀虫剂	0.05	甲基异柳磷	杀虫剂	0.01*
狄氏剂	杀虫剂	0.02	甲氰菊酯	杀虫剂	2
敌百虫	杀虫剂	0.2	甲氧虫酰胺	杀虫剂	2
敌敌畏	杀虫剂	0.2	甲氧滴滴涕	杀虫剂	0.01
敌螨普	杀虫剂	0.5*	久效磷	杀虫剂	0.03
丁硫克百威	杀虫剂	0.01	抗蚜威	杀虫剂	1
啶虫脒	杀虫剂	2	克百威	杀虫剂	0.02
毒虫畏	杀虫剂	0.01	乐果	杀虫剂	0.01
毒杀芬	杀虫剂	0.05*	磷胺	杀虫剂	0.05

农药名称	主要用途	最大残留限量 /（毫升/千克）	农药名称	主要用途	最大残留限量 /（毫升/千克）
硫丹	杀虫剂	0.05	杀虫畏	杀虫剂	0.01
硫环磷	杀虫剂	0.03	杀螟硫磷	杀虫剂	0.5
硫线磷	杀虫剂	0.02	杀扑磷	杀虫剂	0.05
六六六	杀虫剂	0.05	水胺硫磷	杀虫剂	0.05
螺虫乙酯	杀虫剂	1.5*	特丁硫磷	杀虫剂	0.01*
氯虫苯甲酰胺	杀虫剂	1	涕灭威	杀虫剂	0.02
氯丹	杀虫剂	0.02	烯虫炔酯	杀虫剂	0.01*
氯氟氰菊酯和高效氯氟氰菊酯	杀虫剂	0.2	烯虫乙酯	杀虫剂	0.01*
氯菊酯	杀虫剂	1	辛硫磷	杀虫剂	0.05
氯氰菊酯和高效氯氰菊酯	杀虫剂	0.07	溴氰虫酰胺	杀虫剂	4*
氯唑磷	杀虫剂	0.01	溴氰菊酯	杀虫剂	0.2
马拉硫磷	杀虫剂	1	氧乐果	杀虫剂	0.02
灭多威	杀虫剂	0.2	伊维菌素	杀虫剂	0.1*
灭蚁灵	杀虫剂	0.01	乙基多杀菌素	杀虫剂	0.15*
七氯	杀虫剂	0.01	乙酰甲胺磷	杀虫剂	0.02
氰戊菊酯和 S-氰戊菊酯	杀虫剂	0.2	异狄氏剂	杀虫剂	0.05
噻虫胺	杀虫剂	0.07	蝇毒磷	杀虫剂	0.05
噻虫啉	杀虫剂	1	治螟磷	杀虫剂	0.01
噻虫嗪	杀虫剂	0.5	联苯菊酯	杀虫剂、杀螨剂	1
噻嗪酮	杀虫剂	3	内吸磷	杀虫剂、杀螨剂	0.02
杀虫脒	杀虫剂	0.01	消螨酚	杀螨剂、杀虫剂	0.01*

续 表

农药名称	主要用途	最大残留限量/(毫升/千克)	农药名称	主要用途	最大残留限量/(毫升/千克)
胺苯吡菌酮	杀菌剂	3*	活化酯	杀菌剂	0.15
百菌清	杀菌剂	5	甲苯氟磺胺	杀菌剂	5
苯氟磺胺	杀菌剂	10	腈菌唑	杀菌剂	1
苯菌酮	杀菌剂	0.6*	克菌丹	杀菌剂	15
苯醚甲环唑	杀菌剂	3	喹氧灵	杀菌剂	1
吡噻菌胺	杀菌剂	3*	氯苯甲醚	杀菌剂	0.01
吡唑醚菌酯	杀菌剂	2	氯苯嘧啶醇	杀菌剂	1
丙森锌	杀菌剂	5	咪唑菌酮	杀菌剂	0.04
代森铵	杀菌剂	5	醚菌酯	杀菌剂	2
代森联	杀菌剂	5	嘧菌环胺	杀菌剂	2
代森锰锌	杀菌剂	5	嘧菌酯	杀菌剂	10
啶酰菌胺	杀菌剂	3	嘧霉胺	杀菌剂	7
毒菌酚	杀菌剂	0.01*	灭菌丹	杀菌剂	5
多菌灵	杀菌剂	0.5	嗪氨灵	杀菌剂	1*
多抗霉素	杀菌剂	0.5*	三唑醇	杀菌剂	0.7
粉唑醇	杀菌剂	1	三唑酮	杀菌剂	0.7
氟吡菌酰胺	杀菌剂	0.4*	四氟醚唑	杀菌剂	3
氟硅唑	杀菌剂	1	肟菌酯	杀菌剂	1
氟菌唑	杀菌剂	2*	戊菌唑	杀菌剂	0.1
氟唑菌酰胺	杀菌剂	2*	戊唑醇	杀菌剂	2
福美双	杀菌剂	5	烯酰吗啉	杀菌剂	0.05
福美锌	杀菌剂	5	硝苯菌酯	杀菌剂	0.3*
腐霉利	杀菌剂	10	异丙噻菌胺	杀菌剂	4*
咯菌腈	杀菌剂	3	抑霉唑	杀菌剂	2
环酰菌胺	杀菌剂	10*	乐杀螨	杀螨剂、杀菌剂	0.05*

农药名称	主要用途	最大残留限量/(毫升/千克)	农药名称	主要用途	最大残留限量/(毫升/千克)
苯丁锡	杀螨剂	10	速灭磷	杀螨剂	0.01
丁氟螨酯	杀螨剂	0.6	溴螨酯	杀螨剂	2
格螨酯	杀螨剂	0.01*	乙螨唑	杀螨剂	2
环螨酯	杀螨剂	0.01*	乙酯杀螨醇	杀螨剂	0.01
联苯肼酯	杀螨剂	2	唑螨酯	杀螨剂	0.8
螺甲螨酯	杀螨剂	3*	甲硫威	杀软体动物剂	1*
螺螨酯	杀螨剂	2	氟噻虫砜	杀线虫剂	0.5*
灭螨醌	杀螨剂	0.01	灭线磷	杀线虫剂	0.02
噻螨酮	杀螨剂	0.5	氯化苦	熏蒸剂	0.05
三氯杀螨醇	杀螨剂	0.01	溴甲烷	熏蒸剂	0.02*
四螨嗪	杀螨剂	2			

注：摘自《食品安全国家标准　食品中农药最大残留限量》（GB 2763—2021）《食品安全国家标准　食品中2,4-滴丁酸钠盐等112种农药最大残留限量》（GB 2763.1—2022），其中*表示该限量为临时标准。

五、蔬菜作物禁（限）用的农药品种[1]

主要用途	中文通用名	禁用原因
杀虫剂/杀螨剂/杀线虫剂	苯线磷、地虫硫磷、对硫磷、甲胺磷、甲基对硫磷、甲基硫环磷、久效磷、磷胺、特丁硫磷、蝇毒磷、治螟磷、甲拌磷、甲基异柳磷、硫环磷、氯唑磷、内吸磷、硫线磷、水胺硫磷、氧乐果、克百威、涕灭威、灭多威、灭线磷	高毒
	艾氏剂、滴滴涕、狄氏剂、毒杀芬、林丹、异狄氏剂、硫丹、六六六、氯丹、七氯、十氯酮、灭蚁灵	高残留，持久有机污染
	杀虫脒	慢性毒性、致癌
	氟虫腈	对蜜蜂、水生生物等剧毒

续　表

主要用途	中文通用名	禁用原因
杀虫剂 / 杀螨剂 / 杀线虫剂	三唑磷、毒死蜱	农药残留超标风险高
	乐果、乙酰甲胺磷、丁硫克百威[2]	代谢产物高毒高残留
	三氯杀螨醇[3]	工业品种含有一定数量的滴滴涕
杀菌剂	六氯苯	致癌、致畸、致突变
	敌枯双	致畸
	福美胂、福美甲胂、汞制剂及砷、铅类	重金属残留、残毒
	硫酸链霉素	生物富集风险
除草剂	胺苯磺隆、甲磺隆、氯磺隆	残效期长，易药害
	百草枯（水剂）[3]	高毒且无特效解毒剂
	除草醚	致癌、致畸、致突变
	2，4- 滴丁酯	易药害以及对水生生物高毒
杀鼠剂	氟乙酰胺、氟乙酸钠、毒鼠硅、毒鼠强、甘氟	剧毒
	磷化钙、磷化镁、磷化锌	高毒，易燃易爆
熏蒸剂	二溴乙烷、二溴氯丙烷、溴甲烷[4]	致癌、致畸
	氯化苦	高残留

　　注：1. 根据《斯德哥尔摩公约》和农业部相关公告等整理汇总。根据《食品安全法》《农药管理条例》等相关法律法规的规定，任何剧毒、高毒农药不得用于瓜果蔬菜生产。

　　2. 根据农业部第2552号公告，自2019年8月1日起，禁止乙酰甲胺磷、乐果、丁硫克百威在蔬菜上使用。

　　3. 根据农业部第2445号公告，自2016年7月1日起停止百草枯水剂在国内销售和使用，自2018年10月1日起全面禁止销售、使用三氯杀螨醇。

　　4. 根据农业部第2289号和第2552号公告，自2019年1月1日起，溴甲烷农药登记使用范围变更为"检疫熏蒸处理"，禁止含溴甲烷产品在农业上使用。

六、草莓病虫绿色防控常用药剂索引表

商标、含量及剂型	中文通用名	主要防治对象
阿米多彩 560 克 / 升悬浮剂	嘧菌·百菌清	枯萎病、黄萎病
阿米妙收 325 克 / 升悬浮剂	苯甲·嘧菌酯	炭疽病
阿米西达 250 克 / 升悬浮剂	嘧菌酯	革腐病、红中柱根腐病、轮斑病
艾法迪 22% 悬浮剂	氰氟虫腙	斜纹夜蛾、棉双斜卷蛾
艾绿士 60 克 / 升悬浮剂	乙基多杀菌素	蓟马
爱多收 1.8% 水剂	复硝酚钠	提高作物抗逆、促进植株生长
百泰 60% 水分散粒剂	唑醚·代森联	革腐病、炭疽病、红中柱根腐病、轮斑病等
倍内威 10% 可分散油悬浮剂	溴氰虫酰胺	斜纹夜蛾、棉双斜卷蛾、蓟马
碧翠 16% 水分散粒剂	二氰·吡唑酯	炭疽病
碧生 20% 悬浮剂	噻唑锌	青枯病
度锐 300 克 / 升悬浮剂	氯虫·噻虫嗪	斜纹夜蛾、棉双斜卷蛾、大青叶蝉、短额负蝗、绿盲蝽
格力高 100 克 / 升悬浮剂	溴虫氟苯双酰胺	斜纹夜蛾、棉双斜卷蛾
健达 42.4% 悬浮剂	唑醚·氟酰胺	灰霉病、白粉病、菌核病、芽枯病
健攻 12% 悬浮剂	苯甲·氟酰胺	轮斑病、蛇眼病、角斑病、黑斑病、褐斑病、叶枯病
金雷 68% 水分散粒剂	精甲霜·锰锌	革腐病、红中柱根腐病
金满枝 20% 悬浮剂	丁氟螨酯	朱砂叶螨、二斑叶螨、茶黄螨
凯津 38% 水分散粒剂	唑醚·啶酰菌	白粉病
凯润 250 克 / 升乳油	吡唑醚菌酯	革腐病、炭疽病、轮斑病、蛇眼病、角斑病、黑斑病、褐斑病、叶枯病

商标、含量及剂型	中文通用名	主要防治对象
凯泽 50% 水分散粒剂	啶酰菌胺	灰霉病、菌核病、芽枯病
科得拉 0.4% 颗粒剂	氯虫苯甲酰胺	小地老虎、蝼蛄、蛴螬
可杀得叁千 46% 水分散粒剂	氢氧化铜	枯萎病、黄萎病
雷通 240 克/升悬浮剂	甲氧虫酰肼	斜纹夜蛾、棉双斜卷蛾
亮盾 62.5 克/升悬浮种衣剂	精甲·咯菌腈	红中柱根腐病
路富达 41.7% 悬浮剂	氟吡菌酰胺	根结线虫病
露娜润 35% 悬浮剂	氟菌·戊唑醇	炭疽病
露娜森 43% 悬浮剂	氟菌·肟菌酯	白粉病
绿妃 29% 悬浮剂	吡萘·嘧菌酯	白粉病
满穗 24% 悬浮剂	噻呋酰胺	芽枯病
满肃静 30% 悬浮剂	腈吡螨酯	朱砂叶螨、二斑叶螨、茶黄螨
美除 50 克/升乳油	虱螨脲	斜纹夜蛾、棉双斜卷蛾
美派安 50% 可湿性粉剂	克菌丹	轮斑病、蛇眼病、角斑病、黑斑病、褐斑病、叶枯病
拿敌稳 75% 水分散粒剂	肟菌·戊唑醇	炭疽病
帕力特 240 克/升悬浮剂	虫螨腈	斜纹夜蛾、棉双斜卷蛾
瑞镇 50% 水分散粒剂	嘧菌环胺	灰霉病、菌核病
世高 10% 水分散粒剂	苯醚甲环唑	白粉病
特福力 22% 悬浮剂	氟啶虫胺腈	蚜虫、蓟马
银法利 687.5 克/升悬浮剂	氟菌·霜霉威	革腐病、红中柱根腐病
英腾 42% 悬浮剂	苯菌酮	白粉病
锐收果香 400 克/升悬浮剂	氯氟醚·吡唑酯	炭疽病

七、配置不同浓度药液所需农药换算表

农药稀释倍数	需配制药液量/升								
	1	2	3	4	5	10	20	30	40
50	20.00	40.00	60.00	80.00	100.00	200.00	400.00	600.00	800.00
100	10.00	20.00	30.00	40.00	50.00	100.00	200.00	300.00	400.00
200	5.00	10.00	15.00	20.00	25.00	50.00	100.00	150.00	200.00
300	3.40	6.70	10.00	13.40	16.70	34.00	67.00	100.00	134.00
400	2.50	5.00	7.50	10.00	12.50	25.00	50.00	75.00	100.00
500	2.00	4.00	6.00	8.00	10.00	20.00	40.00	60.00	80.00
1000	1.00	2.00	3.00	4.00	5.00	10.00	20.00	30.00	40.00
2000	0.50	1.00	1.50	2.00	2.50	5.00	10.00	15.00	20.00
3000	0.34	0.67	1.00	1.34	1.70	3.40	6.70	10.00	13.40
4000	0.25	0.50	0.75	1.00	1.25	2.50	5.00	7.50	10.00
5000	0.20	0.40	0.60	0.80	1.00	2.00	4.00	6.00	8.00

〔例1〕 某农药使用浓度为3000倍，使用的喷雾机容量为30升，配制1桶药液需加入的农药量为多少？

先在农药稀释倍数栏中查到3000倍，再在需配制药液量目标值的表栏中查30升的对应值，两栏交叉点为10.0克或毫升，即为查对换算所需加入的农药量。

〔例2〕 某农药使用浓度为1000倍，使用的喷雾机容量为12.5升，配制1桶药液需加入的农药量为多少？

先在农药稀释倍数栏中查到1000倍，再在配制药液量目标值的表栏中查10升、2升、1升的对应值，两栏交叉点分别为10.0、2.0、1.0，1升对应的表值为1.0，则0.5升为0.5，累计得12.5克或毫升，即为查对换算所需加入的农药量。

〔例3〕某农药使用浓度为1500倍，使用的喷雾机容量为7.5升，配制1桶药液需加入的农药量为多少？

本例中所使用的农药浓度和喷雾剂容量都不是表中的标准数据，对于此类情况可以直接用下列公式计算：

所需的农药制剂数量（克或毫升）＝

［配制药液的目标数量（千克或升）÷农药稀释倍数］× 1000

本例所需加入的农药量为（7.5÷1500）×1000＝5（克或毫升）。上述公式对例1和例2同样适用。

八、国内外农药标签和说明书上的常见符号

a.i.（active ingredient） 有效成分

ADI（acceptable daily intake） 每日允许摄入量

AS（aqueous solution） 水剂

CS（capsule suspension） 微囊悬浮剂

DC（dispersible concentrate） 可分散液剂

DP（dustable powder） 粉剂

EC（emulsifiable concentrate） 乳油

EW（emulsion, oil in water） 水乳剂

FU（smoke generator） 烟剂

GR（granule） 颗粒剂

KT_{50}（median knockdown time） 击倒中时间

LC_{50}（median lethal concertation） 致死中浓度

LD_{50}（median lethal dose） 致死中量

LT_{50}（median lethal time） 致死中时间

MAC［maximum（maximal）allowable concentration］ 最大允许浓度

ME（micro-emulsion） 微乳剂

NPV（nuclear polyhedrosis virus） 核多角体病毒

RB（bait） 饵剂

SC（suspension concentrate） 悬浮剂

SG（water soluble granule） 可溶粒剂

ULV spray（ultra low volume spray） 超低容量喷雾

WG（water dispersible granule） 水分散粒剂

WP（wettable powder） 可湿性粉剂

WT（water dispersible tablet） 水分散片剂